INFOGRAPHIC
GUIDE TO
LITERATURE

数据之美
文学篇

[英] 乔安娜·艾略特　著

肖　竞　译

电子工业出版社·
Publishing House of Electronics Industry
北京 · BEIJING

First published in Great Britain in 2014 by Cassell Illustrated a division of Octopus Publishing Group Ltd

Carmelite House, 50 Victoria Embankment, London EC4Y 0DZ

Copyright © Essential Works Ltd 2014

All rights reserved.

Essential Works Ltd asserts the moral right to be identified, as the author of this work.

本书中文简体版专有翻译出版权授予电子工业出版社。未经许可，不得以任何手段和形式复制或抄袭本书的任何部分。

版权贸易合同登记号　图字：01-2022-2244

图书在版编目（CIP）数据

数据之美. 文学篇/（英）乔安娜·艾略特（Joanna Eliot）著；肖竞译. —北京：电子工业出版社，2022.5
ISBN 978-7-121-43431-0

Ⅰ.①数…　Ⅱ.①乔…　②肖…　Ⅲ.①数据处理　Ⅳ.①TP274

中国版本图书馆CIP数据核字（2022）第078199号

书中涉及数据的时效性均以原版书出版时间为准，相关数据统计如与我国官方数据有出入，均以我国统计为准，特此说明。

审图号：GS（2022）2717号
书中地图系原文插附地图

责任编辑：张　舟
印　　刷：河北迅捷佳彩印刷有限公司
装　　订：河北迅捷佳彩印刷有限公司
出版发行：电子工业出版社
　　　　　北京市海淀区万寿路173信箱　　邮编：100036
开　　本：787×980　1/16　　印张：38.75　　字数：819千字
版　　次：2022年5月第1版
印　　次：2022年5月第1次印刷
定　　价：298.00元（全4册）

凡所购买电子工业出版社图书有缺损问题，请向购买书店调换。若书店售缺，请与本社发行部联系，联系及邮购电话：（010）88254888，88258888。

质量投诉请发邮件至zlts@phei.com.cn，盗版侵权举报请发邮件至dbqq@phei.com.cn。
本书咨询联系方式：（010）88254439，zhangran@phei.com.cn，微信号：yingxianglibook。

目录

引言

乔安娜·艾略特

　　我自认是个不折不扣的"书虫"，最喜欢的非虚构类图书是那些关于书的书。因此有幸和聪颖过人的设计师杰玛·威尔森及其他作者一起编写本书，这不但使我兴奋异常，更令我沉浸其中，享受了整个过程。有那么多话题可以展开，我们决定先从简单的问题开始，例如谁写下了所出版书籍中最长的句子？著名作家在成名前如何谋生？家喻户晓的名作家在创作中有哪些习惯？从这些问题出发，我们继续探索了更深层次的问题，包括不同文化和文学作品中的母亲形象，以及在作品中隐藏信息的各种方式等。

　　从《希腊神话》到《云图》，我们研究了各个时期、各种体裁的文学作品，探讨了莎士比亚、奥斯汀、托尔斯泰、安伯托·艾柯、普拉切特的《碟形世界》《白鲸》，以及不同国籍的侦探小说主人公。书中提到的作品来自不同的地域和时代，还涉及出版行业的历史、设计书籍封面的方法、文学作品的改写和被盗的书籍等。

　　恰值本书交付印刷之际，我们遗憾地了解到享誉全球的哥伦比亚作家加夫列尔·加西亚·马尔克斯（1927—2014）不幸逝世。毫无疑问，这一噩耗将会驱使更多人去阅读他的著作《百年孤独》，那些第一次有此尝试的读者，在本书中也可以找到相关内容，这能帮助他们轻松地厘清小说中主要人物之间的关系。

　　数据图的意义不局限于将信息以图形的方式呈现出来，因此我们在制作数据图表的时候往往能够发现一些前人并不了解的奇妙之处。在编写本书的过程中，我们意识到，数据图表的美妙在于这种方式能帮助我们发现隐藏在文学

作品文字中的全新意义。

有些转化成图形的信息能够再次确立我们通过读书获得的印象，例如小说中的犬类绝大多数都是忠诚、英勇的，很少会出现邪恶、凶猛的形象。但是数据图表也会反映出一些令人惊喜的东西——例如简·奥斯汀和勃朗特姐妹对某些词汇的使用存在共通之处，坦尼森有关死亡和哀悼的名诗集《悼念诗》中出现频率最高的词是"爱""看到""光"和"生命"。

通过研究背景设定在不同城市的作品，我们还可以发现这些城市在书中被集中展示了哪些特征：故事发生在柏林的书籍往往充斥着堕落和享乐，维也纳总是离不开疾病，而布拉格则经常与迷失自我联系在一起。还有一些数据图表展示了同一时代撰写同一题材书籍的作家之间有哪些异同——我们发现易卜生和契诃夫的几乎每一部戏剧都会在最初的几幕中出现一门上膛的大炮，而且一般都是从舞台向外发射的。

我个人最喜爱的部分是儿童文学中通往其他世界的入口，充满了作者们奇妙的想象力，例如《绿野仙踪》中的龙卷风、《爱丽丝梦游仙境》中的兔子洞、《奥格的密秘世界》中的活板门，但如果想要穿越到另一个时空，最简单、最便捷的方法莫过于阅读或者听别人大声朗读引人入胜的作品，这也点出了这本书的终极意义。我希望本书能够让读者了解到，阅读就像没有止境的发现之旅，激励着你不断探索一个又一个作者（或从未读过的作者）的作品。

《百年孤独》族谱

哥伦比亚作家加夫列·加西亚·马尔克斯在1967年以西班牙语首次发表了这部小说，现在已经被翻译成30多种文字，销售总量超过2000万册。小说中的六代人不断重复着悲惨的命运，而这份族谱能够帮助我们厘清他们之间错综复杂的关系。

丽贝卡
被收养的孤女，嫁给何塞吃土

何塞·阿尔卡蒂奥
长子，身材魁梧，浑身都是文身

庇拉尔·特尔内拉
精通纸牌占卜的妓女

桑塔索菲亚·德拉·彼达
阿尔卡蒂奥的妻子，短暂地扮演了家族中母亲的角色

阿尔卡蒂奥
起义时期马孔多的残暴统治者

美人梅黛丝
世上最美的女人。神秘地飞升进入天堂

何塞·阿尔卡蒂奥第二
成为一位避世的学者，香蕉公司工人大罢工遭遇屠杀时唯一的幸存者

佩特拉·科特斯
奥雷里亚诺第二的情人

加斯通
阿玛兰妲·乌尔苏拉的丈夫，前往比利时之后再也没有回来

阿玛兰妲·乌尔苏拉
与自己的外甥奥小雷里亚诺私通，在产下私生子的时候大出血而死

何塞·阿尔卡蒂奥·布恩迪亚
族长，马孔多的创建者

乌尔苏拉·伊瓜兰
何塞的妻子，活到
130岁

**奥雷里亚诺·布恩迪亚
上校**
次子，战士、艺术家、
17个男孩的父亲

逝者永享安宁

雷梅黛丝·摩斯科特
布恩迪亚上校的妻子
怀上头胎后死亡

阿玛兰妲
三女，终身未嫁

奥雷里亚诺·何塞
迷恋姑妈阿玛兰妲

17个奥雷里亚诺

奥雷里亚诺第二
肥胖、吵闹、冲动

费尔南达·德尔·卡皮奥
笃信宗教

何塞·阿尔卡蒂奥
被家人寄予厚望，希望日后
能够成为主教，但并没有在
神学院中认真学习，堕落成
一个道德败坏的人

梅梅
真名雷纳塔·雷梅黛丝，与
她的父亲一样是一名享乐主
义者，在与马乌里肖有染后
被关进修道院孤独终老

奥雷里亚诺
从隐士成长为学者，破译了梅尔基
亚德斯的手稿。与自己的姨妈私
通，生下了布恩迪亚家族的最后一
个孩子

奥雷里亚诺
奥雷里亚诺和阿玛兰妲·
乌尔苏拉的私生子，出生
时长着猪尾巴

最昂贵的罕见书籍

价值上百万美元的罕见书籍大多是孤本，往往是手抄本，非常古旧。

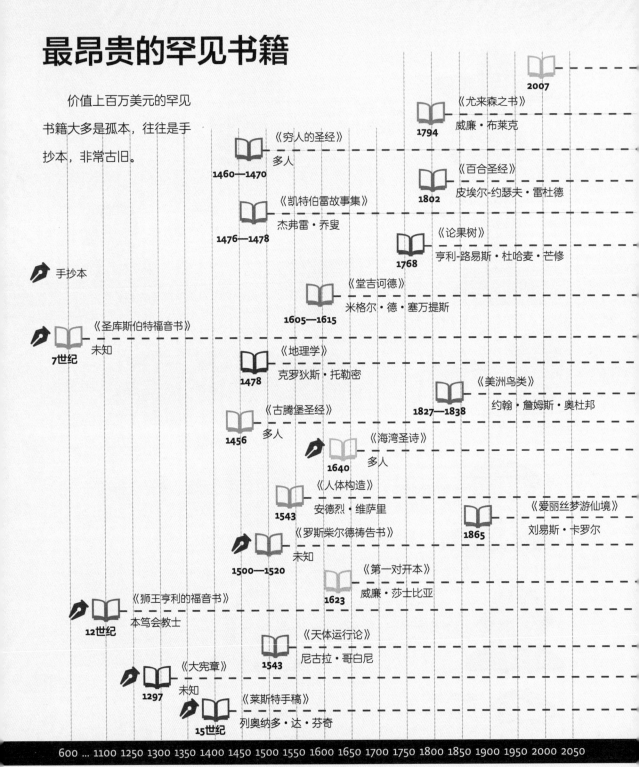

2007

《尤来森之书》
1794
威廉·布莱克

《穷人的圣经》
1460—1470
多人

《百合圣经》
1802
皮埃尔-约瑟夫·雷杜德

《凯特伯雷故事集》
1476—1478
杰弗雷·乔叟

《论果树》
1768
亨利-路易斯·杜哈麦·芒修

✒ 手抄本

《堂吉诃德》
1605—1615
米格尔·德·塞万提斯

✒ 《圣库斯伯特福音书》
7世纪
未知

《地理学》
1478
克罗狄斯·托勒密

《美洲鸟类》
1827—1838
约翰·詹姆斯·奥杜邦

《古腾堡圣经》
1456
多人

✒ 《海湾圣诗》
1640
多人

《人体构造》
1543
安德烈·维萨里

《爱丽丝梦游仙境》
1865
刘易斯·卡罗尔

✒ 《罗斯柴尔德祷告书》
1500—1520
未知

《第一对开本》
1623
威廉·莎士比亚

✒ 《狮王亨利的福音书》
12世纪
本笃会教士

《天体运行论》
1543
尼古拉·哥白尼

✒ 《大宪章》
1297
未知

✒ 《莱斯特手稿》
15世纪
列奥纳多·达·芬奇

600 … 1100 1250 1300 1350 1400 1450 1500 1550 1600 1650 1700 1750 1800 1850 1900 1950 2000 2050

问世年份

《游唱诗人比多故事集》

J. K. 罗琳

390万美元
2007

250万美元
1999

220万美元
1987

500万美元
1985

750万美元
1998

450万美元
2006

插图：皮埃尔·安托万·布瓦多、皮埃尔·让·弗朗索瓦·特邦

150万美元
1989

1430万美元
2012

400万美元
2006

1150万美元
2010

490万美元
1987

1460万美元
2013

150万美元
1998

140万美元
1998

1340万美元
1999

620万美元
2001

1170万美元
1983

190万美元
1998

2130万美元
2007

3080万美元
1994

1980　1985　1990　1995　2000　2005　2010　2015

售出年份

资料来源：wikicollecting网站，1stedition网站，abebooks网站，维基百科

你肯定读过这些书……

除了宗教书籍之外，世界上的畅销图书包含各个时期的经典小说。尽管距离一些畅销书的问世时间已经过去几个世纪，它们依然经久不衰，销量达到几亿册。

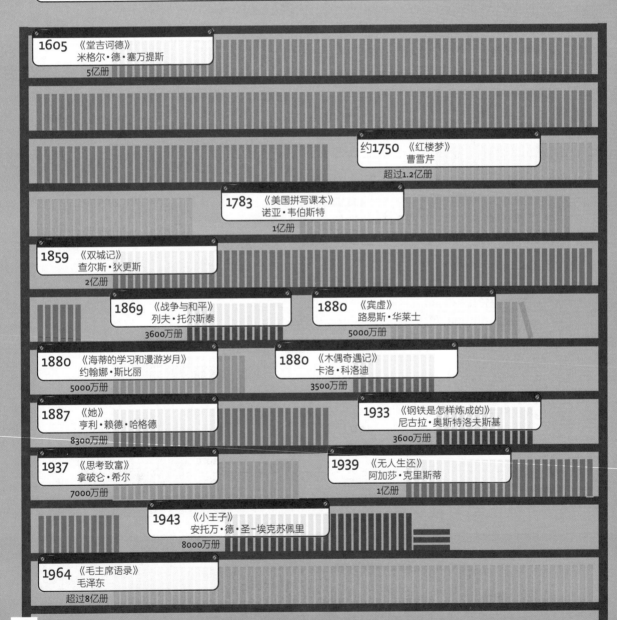

1605 《堂吉诃德》
米格尔·德·塞万提斯
5亿册

约**1750** 《红楼梦》
曹雪芹
超过1.2亿册

1783 《美国拼写课本》
诺亚·韦伯斯特
1亿册

1859 《双城记》
查尔斯·狄更斯
2亿册

1869 《战争与和平》
列夫·托尔斯泰
3600万册

1880 《宾虚》
路易斯·华莱士
5000万册

1880 《海蒂的学习和漫游岁月》
约翰娜·斯比丽
5000万册

1880 《木偶奇遇记》
卡洛·科洛迪
3500万册

1887 《她》
亨利·赖德·哈格德
8300万册

1933 《钢铁是怎样炼成的》
尼古拉·奥斯特洛夫斯基
3600万册

1937 《思考致富》
拿破仑·希尔
7000万册

1939 《无人生还》
阿加莎·克里斯蒂
1亿册

1943 《小王子》
安托万·德·圣-埃克苏佩里
8000万册

1964 《毛主席语录》
毛泽东
超过8亿册

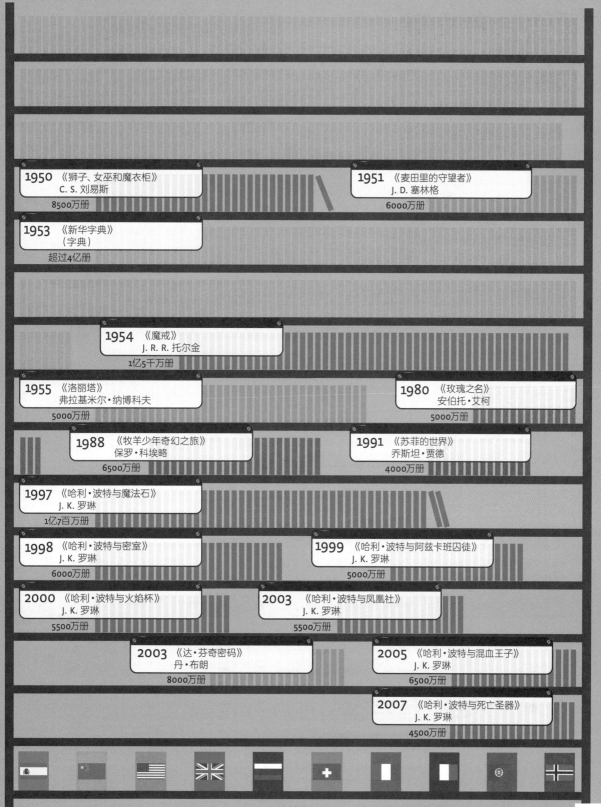

1950 《狮子、女巫和魔衣柜》
C. S. 刘易斯
8500万册

1951 《麦田里的守望者》
J. D. 塞林格
6000万册

1953 《新华字典》
（字典）
超过4亿册

1954 《魔戒》
J. R. R. 托尔金
1亿5千万册

1955 《洛丽塔》
弗拉基米尔·纳博科夫
5000万册

1980 《玫瑰之名》
安伯托·艾柯
5000万册

1988 《牧羊少年奇幻之旅》
保罗·科埃略
6500万册

1991 《苏菲的世界》
乔斯坦·贾德
4000万册

1997 《哈利·波特与魔法石》
J. K. 罗琳
1亿7百万册

1998 《哈利·波特与密室》
J. K. 罗琳
6000万册

1999 《哈利·波特与阿兹卡班囚徒》
J. K. 罗琳
5000万册

2000 《哈利·波特与火焰杯》
J. K. 罗琳
5500万册

2003 《哈利·波特与凤凰社》
J. K. 罗琳
5500万册

2003 《达·芬奇密码》
丹·布朗
8000万册

2005 《哈利·波特与混血王子》
J. K. 罗琳
6500万册

2007 《哈利·波特与死亡圣器》
J. K. 罗琳
4500万册

资料来源：howstuffworks网站，维基百科，huffingtonpost网站

需要参考文献

作家们经常会从其他作家那里获得灵感。灵感的来源可能是莎士比亚，也可能是文学史上其他赫赫有名的人物。这里列举了一些著名的作品，启发它们的则是名气相对较小的早期作品。

新作品

《名利场》，小说，作者威廉·梅克比斯·萨克雷——1847年

《远离尘嚣》，小说，作者托马斯·哈代——1874年

《印度之行》，小说，作者E. M. 福斯特——1924年

《我弥留之际》，小说，作者威廉·福克纳——1930年

《夜色温柔》，小说，作者F. 斯科特·菲茨杰拉德——1932年

《人鼠之间》，中篇小说，作者约翰·斯坦贝克——1937年

《欢乐的精灵》，戏剧，作者诺埃尔·考沃德——1941年

《瓦解》，小说，作者钦努阿·阿契贝——1958年

《母亲之夜》，小说，作者库尔特·冯内古特——1961年

《我知道笼中的鸟儿为何歌唱》，自传，作者玛雅·安吉罗——1969年

《笨蛋联盟》，小说，作者约翰·肯尼迪·图尔——1980年

《黑暗物质》，三部曲小说，作者菲利普·普尔曼——1995—2000年

《真相大白》，小说，作者乔纳森·萨弗兰·福尔——2002年

《深夜小狗神秘事件》，小说，作者马克·哈登——2003年

《老无所依》，小说，作者科马克·麦卡锡——2005年

公元前7—前8世纪——《奥德赛》，史诗，荷马

1667年——《失乐园》，史诗，作者约翰·弥尔顿

1678年——《天路历程》，小说，作者约翰·班扬

1703年——《有关各种事物、道德和消遣的思考》，论文，作者乔纳森·斯威夫特

1751年——《写在教堂墓地的挽歌》，诗歌，作者托马斯·格雷

1785年——《致小鼠》，诗歌，作者罗伯特·彭斯

1808年——《浮士德》第一部，戏剧，作者约翰·沃尔夫冈·冯·歌德

1819年——《夜莺颂》，诗歌，作者约翰·济慈

1820年——《致云雀》，诗歌，作者珀西·比希·雪莱

1855年——沃尔特·惠特曼的同名诗歌

1892年——《银色马》，福尔摩斯小说，作者亚瑟·柯南·道尔

1899年——《同情》，诗歌，作者保罗·劳伦斯·邓巴

1919年——《二度圣临》，诗歌，作者W. B. 叶芝

1926年——《驶向拜占庭》，诗歌，作者W. B. 叶芝

1984年——《生命不能承受之轻》，小说，作者米兰·昆德拉

布鲁姆斯伯里文化圈

　　他们是20世纪早期伦敦声名最显赫、才能最卓越、关系最紧密的一群作家、评论家、艺术家、出版家和学者等，帮助定义并推动了文学现代主义的发展。那么他们究竟是谁？与哪些人一起做了些什么？

克莱夫·贝尔
艺术评论家

凡妮莎·贝尔
后印象派画家

E. M. 福斯特
小说家

罗杰·弗莱
艺术评论家和后印象派画家

邓肯·格兰特
后印象派画家

罗杰·弗莱、凡妮莎·贝尔和邓肯·格兰特
在欧米茄工坊共同从事艺术创作。

凡妮莎·贝尔为弗吉尼亚·伍尔芙和大卫·加奈特画像

昆丁·贝尔为弗吉尼亚·伍尔芙作传记

薇塔·萨克维尔·韦斯特
小说家

大卫·加奈特
作家和出版家

安洁莉卡·加奈特
作家和画家

凡妮莎·贝尔和邓肯·格兰特的女儿
（被当作克莱夫·贝尔的女儿抚养长大）

凡妮莎·贝尔和克莱夫·贝尔的儿子

昆丁·贝尔
艺术史学家和作家

朱利安·贝尔
诗人

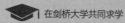 在剑桥大学共同求学　　 亲兄弟姐妹　　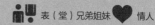 表（堂）兄弟姐妹　　♥ 情人

 配偶　　┌─┐ 父母/子女　　•┄┄┄• 艺术上的合作关系

约翰·梅纳德·凯恩斯
经济学家

戴斯蒙德·麦卡锡
文学新闻记者

里顿·斯特拉奇
传记作家

詹姆斯·斯特拉奇
精神分析学家

伦纳德·伍尔芙
小品文作家和小说家

伦纳德·伍尔芙和弗吉尼亚·伍尔芙创立了霍加斯出版社，出版弗吉尼亚·伍尔芙、凡妮莎·贝尔和凯瑟琳·曼斯菲尔德·默斯菲尔德的作品

弗吉尼亚·伍尔芙为罗杰·弗莱作传记

玛丽（莫莉）·麦卡锡
小说家

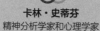

萨克森·锡德尼·特纳
公务员

卡林·史蒂芬
精神分析学家和心理学家

阿德里安·斯蒂芬
作家和精神分析学家

弗吉尼亚·伍尔芙
小说家

作家的作息

这里展示了20多位著名作家休息和写作的习惯。

写作时间

写作时间（单位：小时）

作家	小时
简·奥斯汀（1775—1817）	5
安东尼·特罗洛普（1815—1882）	3
让-保罗·萨特（1905—1980）	6
西蒙娜·德·波伏娃（1908—1986）	7
索尔·贝娄（1915—2005）	4
金斯利·艾米斯（1922—1995）	9
玛雅·安吉罗（1928— ）	7
约翰·厄普代克（1932—2009）	3.5
菲利普·罗斯（1933— ）	8
乔伊斯·卡洛尔·欧茨（1938— ）	8
斯蒂芬·金（1947— ）	4
戴维·福斯特·华莱士（1962—2008）	3

写作时间/睡眠时间（单位：小时） 🖊️ 🌙

	🖊️	🌙
奥诺雷·德·巴尔扎克（1799—1850）	13.5	7.5
查尔斯·狄更斯（1812—1870）	5	7
居斯塔夫·福楼拜（1821—1880）	5	7
格特鲁德·斯坦（1874—1946）	12.5	7
托马斯·曼（1875—1955）	3	8
弗兰兹·卡夫卡（1883—1924）	3	7.5
F.斯科特·菲茨杰拉德（1896—1940）	9.5	7

	🖊️	🌙
弗拉基米尔·纳博科夫（1899—1977）	4	10
乔治·西默农（1903—1989）	3	8
W. H. 奥登（1907—1973）	5	8
弗兰纳里·奥康纳（1925—1964）	3	9
威廉·斯泰伦（1925—2006）	4	9
村上春树（1949— ）	5	7

资料来源：《创作者的日常生活》，作者梅森·柯瑞（皮卡多出版社，2013）

在众神的掌握下

荷马、赫西俄德、索福克勒斯等古希腊作家的作品中充满了统治世界的众神的名字和事迹。这里列出了古希腊神话中最重要的一些神明、代表他们的符号、他们所司掌的职权，以及彼此之间的关系。

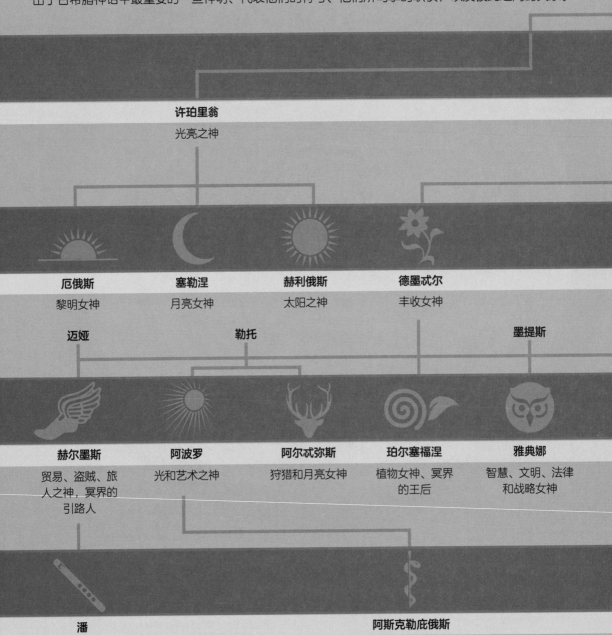

许珀里翁
光亮之神

厄俄斯
黎明女神

塞勒涅
月亮女神

赫利俄斯
太阳之神

德墨忒尔
丰收女神

迈娅

勒托

墨提斯

赫尔墨斯
贸易、盗贼、旅人之神，冥界的引路人

阿波罗
光和艺术之神

阿尔忒弥斯
狩猎和月亮女神

珀尔塞福涅
植物女神、冥界的王后

雅典娜
智慧、文明、法律和战略女神

潘
自然、荒野、树林、牧人和农田之神

阿斯克勒庇俄斯
医药和健康之神

盖亚

大地女神

克罗诺斯　　**瑞亚**

泰坦巨人、丰收之神　时光女神

宙斯

天空、闪电、雷
霆、法律、秩序和
正义之神

赫斯提亚

炉灶和家庭女神

狄俄涅

赫拉

女性、婚姻、
生育女神

哈迪斯

死亡之神、
冥界之主

阿尔克墨涅

波塞冬

海洋、地震、风暴
和骏马之神

赛墨勒

阿弗洛狄忒　　—　　**赫菲斯托斯**

爱情和欢愉女神

火焰、锻造和
石工之神

阿瑞斯

战争之神

赫拉克勒斯

运动、田径、
健康和英雄之神

狄俄尼索斯

美酒、狂欢和
戏剧之神

堤喀

命运和丰饶女神

厄洛斯

爱欲之神

鸭子还是海鸥?

挪威剧作家亨利克·易卜生（1828—1906）和俄国作家安东·契诃夫（1860—1904）的作品重新塑造了20世纪戏剧的形式和关注点。他们的作品有许多相同之处，我们从每位作家的作品中选取4部最著名、最受欢迎的戏剧进行比较，结果也证实了这一点。

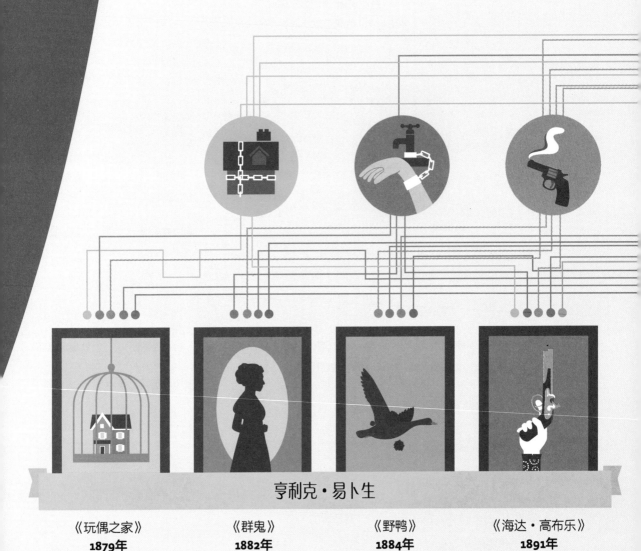

亨利克·易卜生

《玩偶之家》	《群鬼》	《野鸭》	《海达·高布乐》
1879年	**1882年**	**1884年**	**1891年**

《海鸥》	《万尼亚舅舅》	《三姊妹》	《樱桃园》
1896年	**1899年**	**1901年**	**1904年**

安东·契诃夫

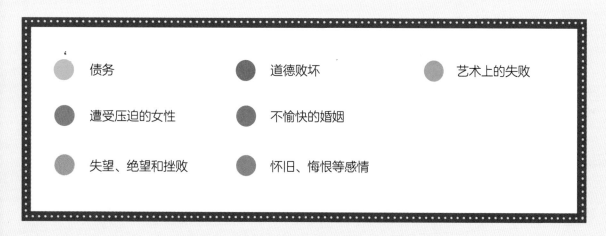

- 债务
- 道德败坏
- 艺术上的失败
- 遭受压迫的女性
- 不愉快的婚姻
- 失望、绝望和挫败
- 怀旧、悔恨等感情

在巴黎与我相会

不同时代的不同作者不约而同地将笔下的故事设定在巴黎，不妨想象一下他们笔下的人物在巴黎的著名地标相遇的情景。

 旺多姆广场丽兹酒店
（Hotel Ritz, Place Vendôme）
餐厅领班**遇见**调酒师

马塞尔·普鲁斯特《追忆逝水年华》中的埃梅
遇见
F. 斯科特·菲茨杰拉德《重访巴比伦》中的阿利克斯

 凯旋门（Arc de Triomphe）
理想主义的贵族**遇见**愤世嫉俗的贵族

亚历山大·仲马（大仲马）《三个火枪手》中的达达尼昂
遇见
莫里哀《愤世嫉俗》中的阿尔塞斯特

 塞纳河右岸皇家宫殿
（The Right Bank, Palais Royale）
背信弃义的诗人**遇见**轻信他人的生意人

奥诺德·德·巴尔扎克《幻灭》中的吕西安·德·吕邦泼雷
遇见
亨利·詹姆斯《美国人》中的克里斯托弗·纽曼

 塞纳河左岸拉丁区
（Left Bank, The Latin Quarter）
失去性能力的记者**遇见**出走的证券经纪人

欧内斯特·海明威《太阳照常升起》中的杰克·巴恩斯
遇见
萨默塞特·毛姆《月亮和六便士》中的查尔斯·思特里克兰德

 圣日耳曼大街鲜花咖啡厅
（Boulevard Saint-Germaine, Cafe Flor）
存在主义者**遇见**个人主义者

让-保罗·萨特《理想时代》中的马修
遇见
西蒙娜·德·波伏娃《他人的血》中的让

 索邦区（Sorbonne District）
无所事事的法律专业学生**遇见**
反复无常的中年家庭主妇

弗朗索瓦兹·萨冈《某种微笑》中的多米尼克
遇见
简·里斯《早上好，午夜》中的萨莎·简森

24

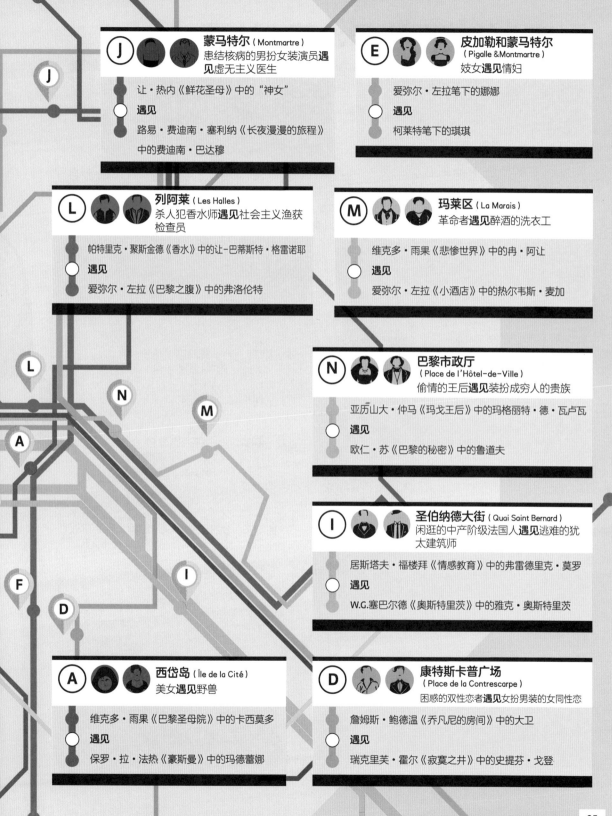

J 蒙马特尔（Montmartre）
患结核病的男扮女装演员**遇见**虚无主义医生

让·热内《鲜花圣母》中的"神女"

遇见

路易·费迪南·塞利纳《长夜漫漫的旅程》中的费迪南·巴达穆

E 皮加勒和蒙马特尔
（Pigalle & Montmartre）
妓女**遇见**情妇

爱弥尔·左拉笔下的娜娜

遇见

柯莱特笔下的琪琪

L 列阿莱（Les Halles）
杀人犯香水师**遇见**社会主义渔获检查员

帕特里克·聚斯金德《香水》中的让-巴蒂斯特·格雷诺耶

遇见

爱弥尔·左拉《巴黎之腹》中的弗洛伦特

M 玛莱区（La Marais）
革命者**遇见**醉酒的洗衣工

维克多·雨果《悲惨世界》中的冉·阿让

遇见

爱弥尔·左拉《小酒店》中的热尔韦斯·麦加

N 巴黎市政厅
（Place de l'Hôtel-de-Ville）
偷情的王后**遇见**装扮成穷人的贵族

亚历山大·仲马《玛戈王后》中的玛格丽特·德·瓦卢瓦

遇见

欧仁·苏《巴黎的秘密》中的鲁道夫

I 圣伯纳德大街（Quai Saint Bernard）
闲逛的中产阶级法国人**遇见**逃难的犹太建筑师

居斯塔夫·福楼拜《情感教育》中的弗雷德里克·莫罗

遇见

W.G.塞巴尔德《奥斯特里茨》中的雅克·奥斯特里茨

A 西岱岛（Île de la Cité）
美女**遇见**野兽

维克多·雨果《巴黎圣母院》中的卡西莫多

遇见

保罗·拉·法热《豪斯曼》中的玛德蕾娜

D 康特斯卡普广场
（Place de la Contrescarpe）
困惑的双性恋者**遇见**女扮男装的女同性恋

詹姆斯·鲍德温《乔凡尼的房间》中的大卫

遇见

瑞克里芙·霍尔《寂寞之井》中的史提芬·戈登

影响力的传播路径：莎士比亚

莎士比亚也会阅读诗人和剧作家前辈的作品，从中汲取灵感。而在他的一生中，他与其他剧作家进行过无间的合作，同时代的散文家和诗人也给他许多启发。在他去世以后的两个世纪里，诗人、剧作家、散文家和评论家都在他的作品中受益匪浅，其中一些人甚至被誉为其所在国家的"莎士比亚"。在这里我们列出了从公元前70年到19世纪的灵感和影响力传递路径。

亚历山大·普希金
（俄罗斯的莎士比亚）
（1799—1837）

弗里德里希·席勒
（德国的莎士比亚）
（1759—1805）

威廉·罗利
（1585—1626）

托马斯·米德尔顿
（合著作者）
（1580—1627）

理查德·布林斯利·谢里丹
（1751—1816）

约翰·弗莱彻
（合著作者）
（1579—1625）

彼埃尔·龙沙
（1524—1585）

约翰·沃尔夫冈·冯·歌德
（1749—1832）

本·琼森
（1572—1637）

托马斯·莫尔
（1478—1535）

塞缪尔·约翰逊
（1709—1784）

托马斯·戴克
（1572—1632）

德西德里乌斯·伊拉斯谟
（1466—1536）

托马斯·纳什
（1567—1601）

约翰·斯凯尔顿
（1460—1529）

亨利·菲尔丁
（1707—1754）

克里斯托弗·马洛
（1564—1593）

托马斯·基德
（合著作者）
（1558—1594）

伊莱莎·海伍德
（1693—1756）

亚历山大·蒲柏
（1688—1744）

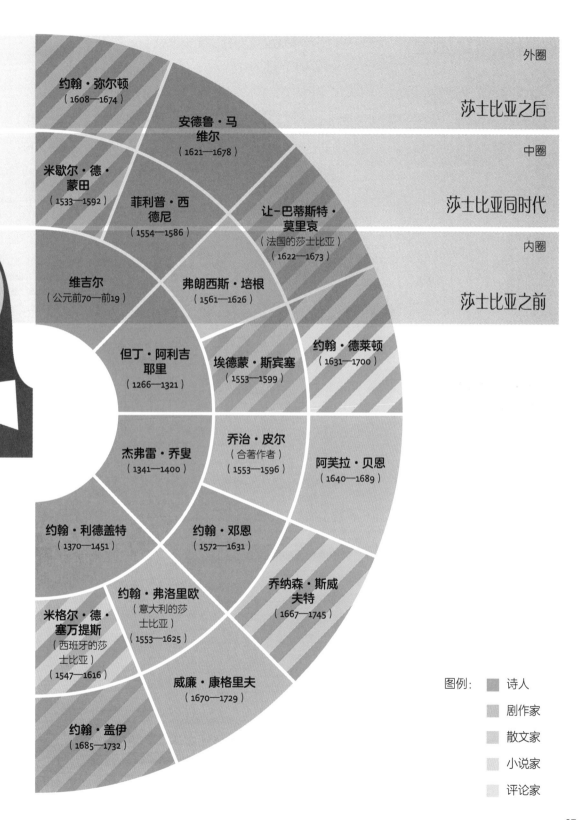

外圈

莎士比亚之后

中圈

莎士比亚同时代

内圈

莎士比亚之前

约翰·弥尔顿
（1608—1674）

安德鲁·马维尔
（1621—1678）

米歇尔·德·蒙田
（1533—1592）

菲利普·西德尼
（1554—1586）

让-巴蒂斯特·莫里哀
（法国的莎士比亚）
（1622—1673）

维吉尔
（公元前70—前19）

弗朗西斯·培根
（1561—1626）

但丁·阿利吉耶里
（1266—1321）

埃德蒙·斯宾塞
（1553—1599）

约翰·德莱顿
（1631—1700）

杰弗雷·乔叟
（1341—1400）

乔治·皮尔
（合著作者）
（1553—1596）

阿芙拉·贝恩
（1640—1689）

约翰·利德盖特
（1370—1451）

约翰·邓恩
（1572—1631）

约翰·弗洛里欧
（意大利的莎士比亚）
（1553—1625）

乔纳森·斯威夫特
（1667—1745）

米格尔·德·塞万提斯
（西班牙的莎士比亚）
（1547—1616）

威廉·康格里夫
（1670—1729）

约翰·盖伊
（1685—1732）

图例：
- 诗人
- 剧作家
- 散文家
- 小说家
- 评论家

未来的过去

　　曾经有许多小说家在自己的作品中描述了未来的世界，其中有着当时并不存在的新技术。从小说家的预测中，我们可以看到当时某些科学研究成果的影子，例如儒勒·凡尔纳曾经看过德国潜水艇的草图，三年后才着手描绘鹦鹉螺号；另外一些作者和作品则完全靠想象力描绘出一个人们不曾见过的世界，直到这些神奇的想象在未来被一一实现。

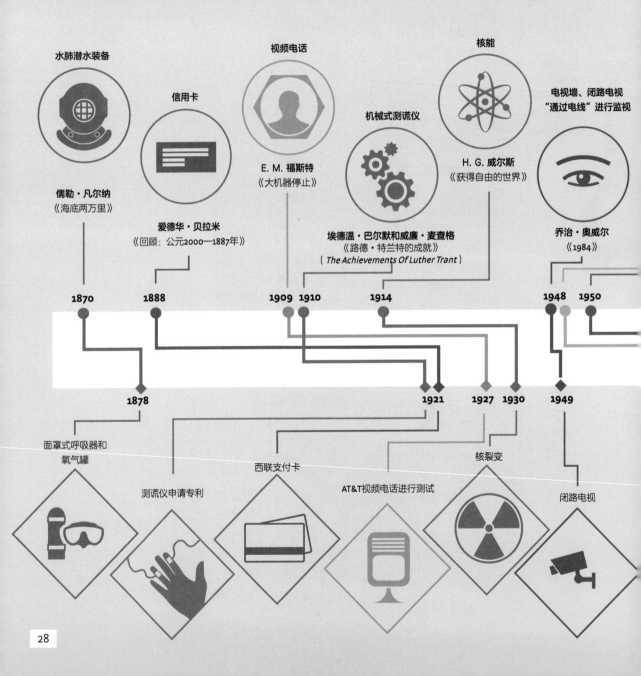

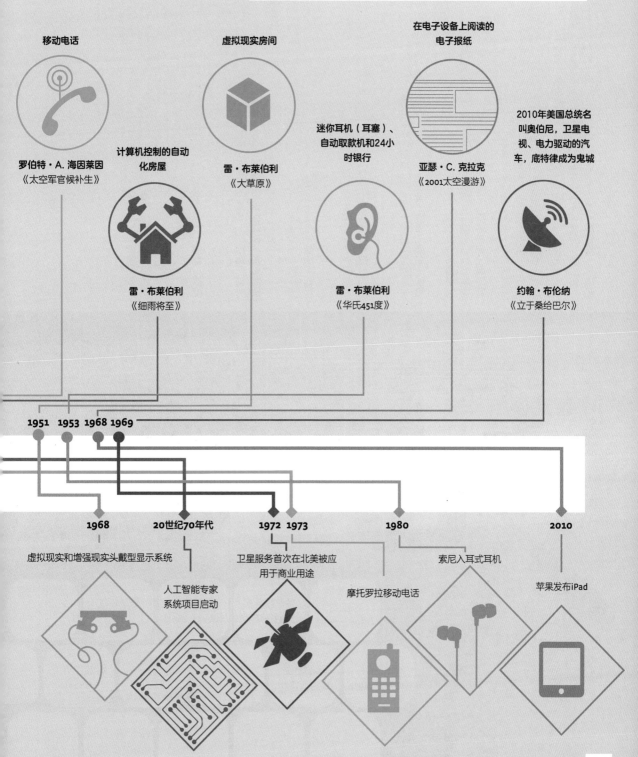

● 预言　　　　　◆ 现实

移动电话

罗伯特·A.海因莱因
《太空军官候补生》

计算机控制的自动
化房屋

雷·布莱伯利
《细雨将至》

虚拟现实房间

雷·布莱伯利
《大草原》

迷你耳机（耳塞）、
自动取款机和24小
时银行

雷·布莱伯利
《华氏451度》

在电子设备上阅读的
电子报纸

亚瑟·C.克拉克
《2001太空漫游》

2010年美国总统名
叫奥伯尼，卫星电
视、电力驱动的汽
车，底特律成为鬼城

约翰·布伦纳
《立于桑给巴尔》

1951　1953　1968　1969

1968　　　20世纪70年代　　　1972　1973　　　　1980　　　　　　　　　2010

虚拟现实和增强现实头戴型显示系统

人工智能专家
系统项目启动

卫星服务首次在北美被应
用于商业用途

摩托罗拉移动电话

索尼入耳式耳机

苹果发布iPad

文学源于生活

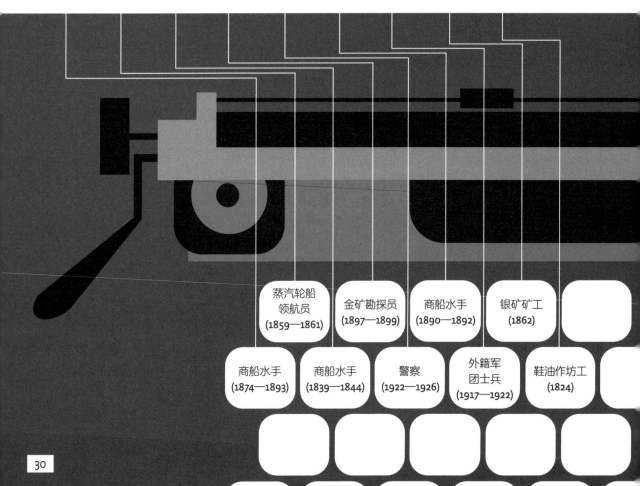

约瑟夫·康拉德（1857—1924）
《水仙号上的黑水手》（1897）、《吉姆爷》（1900）、《黑暗的心》（1902）、《台风》（1903）、《阴影线》（1917）

马克·吐温（1835—1910）
《汤姆·索亚历险记》（1876）
《哈克贝利·费恩历险记》（1884）

赫尔曼·梅尔维尔（1819—1891）
《泰比》（1846）、《奥姆》（1847）、《玛迪》（1849）、《白鲸》（1851）

杰克·伦敦（1876—1916）
《野性的呼唤》（1903）、《白牙》（1906）

乔治·奥威尔（1903—1950）
《缅甸岁月》（1934）

杰克·伦敦（1876—1916）
《海狼》（1904）

珀西瓦尔·克里斯托弗·雷恩（1875—1941）
《故作姿态》（1924）（Beau Geste）

马克·吐温（1835—1910）
《苦行记》（1872）

查尔斯·狄更斯（1812—1870）
《艰难时世》（1854）

蒸汽轮船领航员 (1859—1861)
金矿勘探员 (1897—1899)
商船水手 (1890—1892)
银矿矿工 (1862)

商船水手 (1874—1893)
商船水手 (1839—1844)
警察 (1922—1926)
外籍军团士兵 (1917—1922)
鞋油作坊工 (1824)

"知道什么，才能写出什么"似乎已经成为陈词滥调，但是通过对全球畅销书作家的研究，我们发现，事实的确如此。这些作家将日常生活中的工作经历写进了自己的作品。有些人的工作也许更具冒险性，但是查尔斯·布可夫斯基的经历告诉我们，哪怕是在邮局工作，也可以写出非凡的作品。

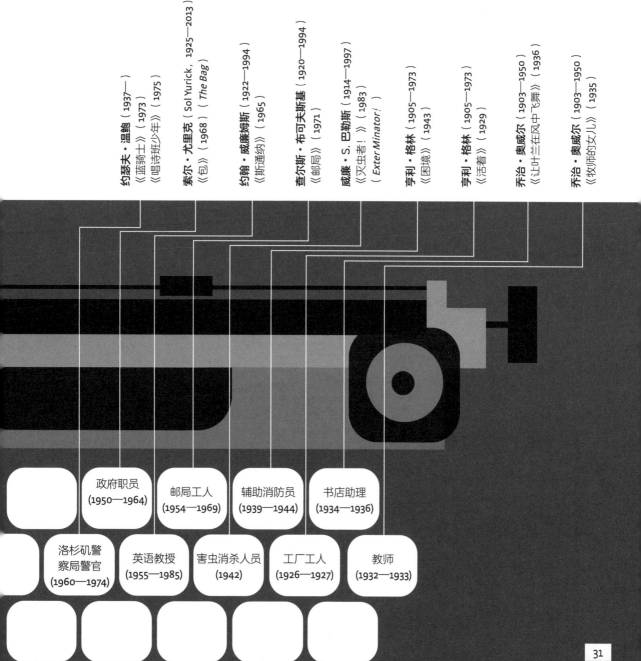

约瑟夫·温鲍（1937— ）
《蓝骑士》（1973）
《唱诗班少年》（1975）

索尔·尤里克（Sol Yurick，1925—2013）
《包》（1968）（*The Bag*）

约翰·威廉姆斯（1922—1994）
《斯通纳》（1965）

查尔斯·布可夫斯基（1920—1994）
《邮局》（1971）

威廉·S. 巴勒斯（1914—1997）
《灭虫者！》（1983）
（*Ext erMinator!*）

亨利·格林（1905—1973）
《困境》（1943）

亨利·格林（1905—1973）
《活着》（1929）

乔治·奥威尔（1903—1950）
《让叶兰在风中飞舞》（1936）

乔治·奥威尔（1903—1950）
《牧师的女儿》（1935）

政府职员
（1950—1964）

邮局工人
（1954—1969）

辅助消防员
（1939—1944）

书店助理
（1934—1936）

洛杉矶警察局警官
（1960—1974）

英语教授
（1955—1985）

害虫消杀人员
（1942）

工厂工人
（1926—1927）

教师
（1932—1933）

起死回生

  作者的去世并不一定意味着其笔下的人物也从此消失。除了作者生前留下的手稿外，还会有后辈作家以原作的风格撰写后传、前传乃至全新的故事。下面15部著名的作品都在作者去世后得到了续写。

■ 原作者作品的数量　　■ 作者去世后出版的生前手稿数量　　■ 其他作者续写作品和相关作品数量

詹姆斯·邦德系列　伊恩·弗莱明（1908—1964）

1953—1966　　　　　　　　　　　　　1965—2013

比例
去世前：去世后
1：2.73

杰森·伯恩系列　劳勃·勒德伦（1927—2001）

1980—1990　　2004—2013

比例
去世前：去世后
1：2.6

《绿野仙踪》　L.弗兰克·鲍姆（1865—1919）

1900—1972　　　　　　　　　　1921—2006

比例
去世前：去世后
1：1.1

《简·爱》　夏洛蒂·勃朗特（1816—1855）

1847　　　　1966—2007

比例
去世前：去世后
1：28

《小妇人》　露易莎·梅·奥尔科特（1832—1888）

1868—1886　　1997—2012

比例
去世前：去世后
1：5.25

《金银岛》　罗伯特·路易斯·史蒂文森（1850—1894）

1883　　　1907—2014

比例
去世前：去世后
1：29

《基地》 艾萨克·阿西莫夫（1920—1992）

1950—1993   1989—2011

比例
去世前：去世后
1：0.66

《棚车少年》 格特鲁德·钱德勒·沃纳（1890—1979）

1924—1976   1991—2014

比例
去世前：去世后
1：6.5

《沙丘》 弗兰克·赫伯特（1920—1986）

1965—1985   1984—2014

比例
去世前：去世后
1：2.8

《草原上的小木屋》 萝拉·英格斯·怀德（1867—1957）

1932—2006   1992—2012

比例
去世前：去世后
1：6.4

《呼啸山庄》 艾米莉·勃朗特（1818—1848）

1847   1977—2014

比例
去世前：去世后
1：14

《远大前程》 查尔斯·狄更斯（1812—1870）

1861   1997—2012

比例
去世前：去世后
1：9

《柳林风声》 肯尼斯·格雷厄姆（1859—1932）

1908   1981—2011

比例
去世前：去世后
1：10

《侏罗纪公园》 迈克尔·克莱顿（1942—2008）

1990—1995   1993—2012

比例
去世前：去世后
1：21.5

《包法利夫人》 居斯塔夫·福楼拜（1821—1880）

1856   1864—2011

比例
去世前：去世后
1：4

资料来源：维基百科

作者	作品名称	作品年代
刘易斯·卡罗尔	《爱丽丝梦游仙境》	1865
刘易斯·卡罗尔	《爱丽丝镜中奇遇记》	1871
L. 弗兰克·鲍姆	《绿野仙踪》	1900
J. M. 巴利	《彼得·潘》	1911
弗朗西丝·霍奇森·伯内特	《秘密花园》	1911
C. S. 刘易斯	《狮子、女巫和魔衣柜》	1950
菲莉帕·皮尔斯	《汤姆的午夜花园》	1958
诺顿·贾思特	《神奇的收费亭》	1961
皮埃尔·伯顿	《奥格的秘密世界》	1961
马德琳·英格	《时间的皱纹》	1962
莫里斯·森达克	《野兽出没的地方》	1963
克莱夫·金	《垃圾大王》	1963
罗尔德·达尔	《查理与巧克力工厂》	1964
米切尔·恩德	《永远讲不完的故事》	1983
伊娃·伊博森	《13号站台的秘密》	1994
伊妮德·布莱顿	《远方的魔法书》系列	1939—1951
大卫·麦克基	《本先生》系列	1967—
菲利普·普尔曼	《黑色物质》三部曲	1995—2000
J. K. 罗琳	《哈利·波特》系列	1997—2007
柯奈莉亚·冯克	《墨水世界》三部曲	2003—2007

通往另一个世界的大门

优秀的书籍为读者打开了通往另一个世界的大门，而优秀的儿童读物能够将读者传送到许多不同的世界中。特别是那些看似普通的物体，往往可以成为书中人物通往平行时空的钥匙。这里列举了儿童文学中最著名的20扇"大门"。

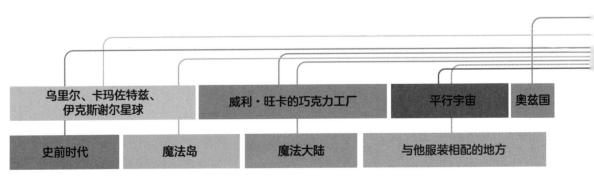

乌里尔、卡玛佐特兹、伊克斯谢尔星球　　威利·旺卡的巧克力工厂　　平行宇宙　　奥兹国

史前时代　　魔法岛　　魔法大陆　　与他服装相配的地方

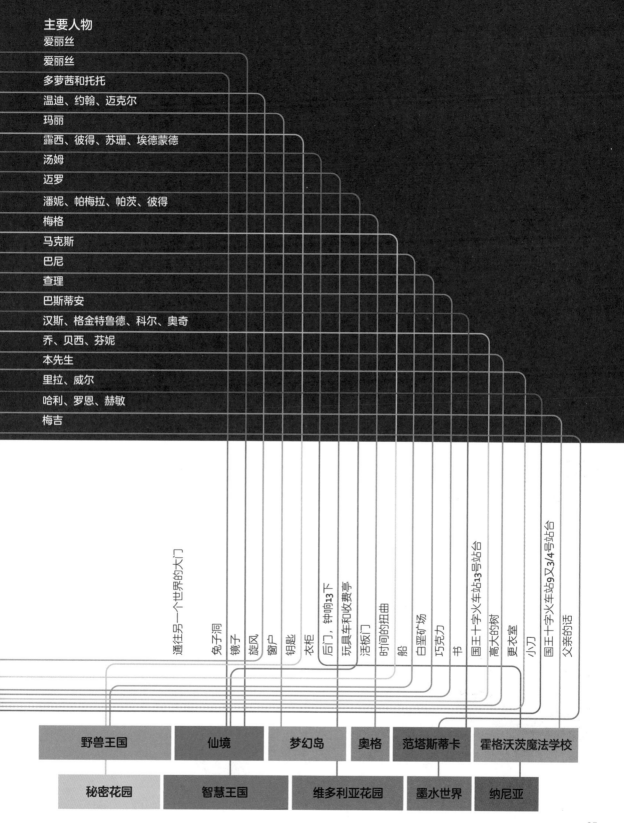

犯罪小说中的尸体数量

阿加莎·克里斯蒂1930年问世的作品让世人第一次认识了老年业余女侦探简·马普尔小姐,从而掀起一股女性作家描写女性侦探的热潮。其中最成功的(至少是经久不衰的)大概是派翠西亚·康薇尔笔下的首席女法医凯·斯卡佩塔。如果把12本马普尔小姐的小说和凯·斯卡佩塔21本小说的前12本中的尸体数量做一个对比,我们也许可以了解到《寓所谜案》问世以来,世界究竟发生了多大的变化。

马普尔小姐　马普尔小姐　马普尔小姐

《寓所谜案》 1930年	1
《藏书室女尸之谜》 1942年	2
《魔手》 1943年	2
《谋杀启事》 1950年	4
《借镜杀人》 1952年	5
《黑麦奇案》 1953年	3
《命案目睹记》 1957年	3
《破镜谋杀案》 1962年	4
《加勒比海之谜》 1964年	3
《伯特伦旅馆之谜》 1965年	2
《复仇女神》 1971年	4
《沉睡的谋杀案》 1976年	2

阿加莎·克里斯蒂

1890年出生于英国德文郡
1976年去世于英国牛津郡

死亡总人数

死亡总人数 **105**

《验尸》 **1990年** 5

《肉体证据》 **1991年** 4

《残骸线索》 **1992年** 13

《首席女法医：失落的指纹》 **1993年** 8

《人体农场》 **1994年** 4

《波特墓园》 **1995年** 6

《死亡的理由》 **1996年** 3

《不自然的暴露》 **1997年** 16

《起火点》 **1998年** 29

《黑色通告》 **1999年** 10

《终极辖区》 **2000年** 2

《绿头苍蝇》 **2003年** 5

派翠西亚·康薇尔
1956年出生于美国佛罗里达州迈阿密

凯·斯卡佩塔　凯·斯卡佩塔　凯·斯卡佩塔

死亡人数

文学作品中的痛苦指数

　　2013年，伦敦大学学院和布里斯托大学的研究者们对1900年到2000年出版的500万本英语著作中与痛苦有关的词语的出现次数进行了统计。他们将研究成果与基于经济状况、反映失业率和通货膨胀率的美国痛苦指数进行了对比。似乎在真实世界遭遇经济萧条之后，书籍也会变得更加痛苦和阴郁。

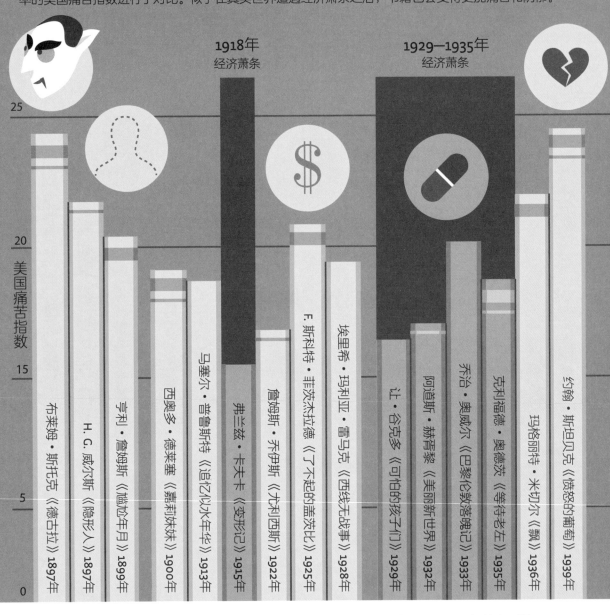

1918年
经济萧条

1929—1935年
经济萧条

美国痛苦指数

25

20

15

5

0

布莱姆·斯托克《德古拉》1897年

H. G. 威尔斯《隐形人》1897年

亨利·詹姆斯《螺丝在拧紧》1899年

西奥多·德莱塞《嘉莉妹妹》1900年

马塞尔·普鲁斯特《追忆似水年华》1913年

弗兰兹·卡夫卡《变形记》1915年

詹姆斯·乔伊斯《尤利西斯》1922年

F. 斯科特·菲茨杰拉德《了不起的盖茨比》1925年

埃里希·玛利亚·雷马克《西线无战事》1928年

让·谷克多《可怕的孩子们》1929年

阿道斯·赫胥黎《美丽新世界》1932年

乔治·奥威尔《巴黎伦敦落魄记》1933年

克利福德·奥德茨《等待老左》1935年

玛格丽特·米切尔《飘》1936年

约翰·斯坦贝克《愤怒的葡萄》1939年

19世纪末　　　　20世纪初　　　　大萧条和后大萧条时期

| 愤怒 | 嫌恶 | 恐惧 | 愉悦 | 惊喜 |

1975—1980年
经济萧条

普里莫·莱维 《如果这是一个人》 1947年

艾伦·金斯堡 《嚎叫》 1955年

艾茵·兰德 《阿特拉斯耸耸肩》 1957年

威廉·S. 巴勒斯 《赤裸的午餐》 1959年

肯·克西 《飞越疯人院》 1962年

西尔维娅·普拉斯 《钟形罩》 1963年

马丁·艾米斯 《金钱》 1984年

米兰·昆德拉 《生命不能承受之轻》 1984年

托妮·莫里森 《宠儿》 1987年

汤姆·沃尔夫 《虚荣的篝火》 1987年

布莱特·伊斯顿·埃利斯 《美国精神病人》 1991年

道格拉斯·柯普兰 《X世代》 1991年

米歇尔·韦勒贝克 《月台》 2001年

卡尔·奥韦·克瑙斯高 《万物皆有时》 2004年

科马克·麦卡锡 《路》 2006年

| 后二次世界大战时期 | 20世纪80年代 | 21世纪 |

资料来源: Bentley RA, Acerbi A, Ormerod P, Lampos V (2014) Books Average Previous Decade of Economic Misery. PLoS ONE 9(1): e83147. doi:10.1371/journal.pone.0083147

海涅眼中的德国：一个冬天的童话

　　1835年，犹太裔德国诗人海因里希·海涅的作品在他的祖国被查禁。1844年，海涅从作曲家舒伯特的作品《冬之旅》中获得灵感，创作了长诗《德国，一个冬天的童话》，以诗歌的形式描绘了想象中游历故国的情景。以下是他在诗中到过的地方和各地的重要标志。

明登 Minden

比克堡
Buckeburg 15

14

条顿堡森林
Teutoburg Forest

10

威斯特伐利亚 9
Westphalia

米尔海姆 8
Mulheim

帕德博恩
Paderborn

科隆 7 哈根
Cologne Hagen

11

亚琛 5 6
Aachen

2

3

莱茵兰 4
The Rhineland
（莱茵河左岸地区的旧称）

1
巴黎
Paris

第一、二章 ①

第三章 ②

第四章 ③

第五章 ④

第六章 ⑤

第七章 ⑥

第十章 ⑨

第十一、十二章 ⑩

第十三章 ⑪

第十四、十五章 ⑫

第十六、十七章 ⑬

第十八章 ⑭

16 汉堡
Hamburg

13
12
基夫豪塞尔
Kyffhauser

第八章
第九章
第十九章
第二十至二十七章

关键的象征性标志

1 开始：（第一、二章）巴黎；海涅对现实中的地方开启了想象之旅。

2 （第三章）亚琛；诗人踏上故土，行李箱中只有衬衣、裤子和手绢，书本全都藏在头脑里。

3 （第四章）沿着亚琛到科隆的道路前行，在科隆大教堂前赞美这座未完工的建筑，这项建筑工程隐喻了德国社会的进步。

4 （第五章）在莱茵河左岸地区，海涅在父亲河莱茵河的流水中看到了对德国人迷失自我的悲伤和失望。

5 （第六章）科隆；海涅描述了与他同行的恶魔——一位"黑衣乔装的伴侣"，在恶魔的斗篷下隐藏着刑刀。

6 （第七章）在科隆大教堂里，海涅打碎了"圣王的骸骼"。

7 （第八章）哈根；海涅回忆了拿破仑·波拿巴的葬礼。

8 （第九章）米尔海姆；海涅回忆了酸菜佳肴的美味。

9 （第十章）海涅向威斯特伐利亚表达了敬意。

10 （第十一、十二章）海涅乘车途经条顿堡森林，想象如果罗马人没有离开，德国将会是什么样子；夜幕降临，他听到了狼的嚎叫。

11 （第十三章）帕德博恩；迷雾里出现了一具十字架。

12 （第十四、十五章）在基夫豪塞尔，罗马皇帝、德国国王巴巴罗萨以垂暮老人的形象出现在海涅的梦中。

13 （第十六、十七章）同样是在基夫豪塞尔，海涅认为断头台、绞刑架和宝剑意味着君王实属多余，人民将会当家做主。

14 （第十八章）海涅在明登被警察扣留。

15 （第十九章）海涅拜访了自己祖父的出生地比克堡，遇到了汉诺威的奥古斯都一世。

16 （第二十至二十七章）海涅最终到达了汉堡，见到了自己的母亲。他绕着城市散步，静静思考事情将会如何进步，又将如何终结。

资料来源：维基百科

奥斯汀vs勃朗特

究竟简·奥斯汀和勃朗特姐妹是不是都对软帽、舞会、礼服、婚姻及与心灵有关的问题无比痴迷呢？通过对她们的小说进行关键字搜索，我们可以看到，即使同一位作者，不同的作品之间也存在有趣的差异。

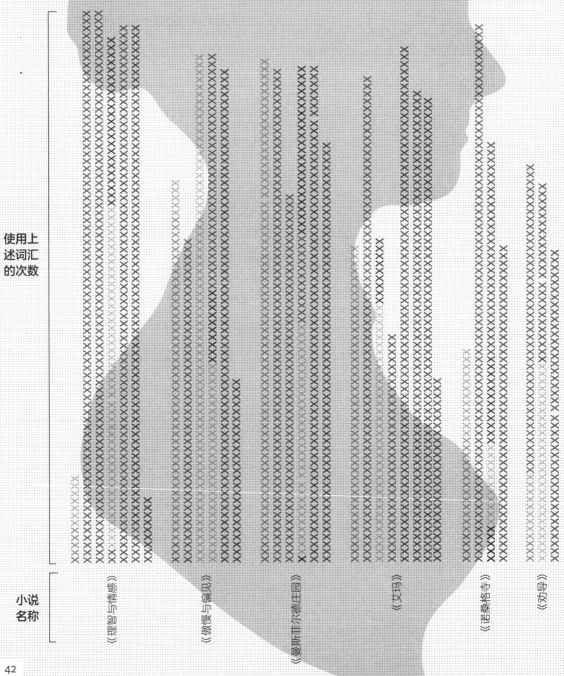

使用上述词汇的次数

小说名称

《理智与情感》　《傲慢与偏见》　《曼斯菲尔德庄园》　《艾玛》　《诺桑格寺》　《劝导》

图例：

X 软帽   X 心   X 眼泪
X 舞会   X 黑暗   X 订婚
X 礼服   X 婚姻   X 爱

使用上
述词汇
的次数

小说
名称

《简·爱》

《雪莉》

《维莱特》

《呼啸山庄》

《女房客》

《艾格尼斯·格雷》

偷走这本书

每年都会有上千本书被从图书馆（尽管你可以免费把书借走）和书店偷走。每个城市、每个地方被偷走的书各不相同，但似乎所有光顾图书馆的窃贼都拥有相同的爱好。

美国纽约的书店

书名	作者
全部	查尔斯·布可夫斯基
全部	威廉·巴勒斯
《在路上》	杰克·凯鲁亚克
《纽约三部曲》	保罗·奥斯特
全部	马丁·艾米斯
全部	吉姆·汤普森
全部	菲利普·K.迪克
全部	米歇尔·福柯
全部	亨特·S.汤普森
绘画小说	多人

全球的图书馆

书名	作者	地点
《圣经》	多人	
有关巫术的作品	多人	
《吉尼斯世界纪录》	多人	
《哈利·波特》（全套）	J. K. 罗琳	
《五十度灰》（全套）	E. L. 詹姆斯	
考试辅导书	多人	
艺术参考书	多人	
《爱经》	婆磋衍那	
商业建议手册	多人	
《泳装年鉴》	《体育画报》	

全球店铺失窃的损失

书名	作者
美国	417亿美元
日本	96亿美元
英国	78亿美元
德国	73亿美元
法国	63亿美元
意大利	47亿美元
俄罗斯	40亿美元
西班牙	39亿美元
加拿大	36亿美元
澳大利亚	20亿美元

英国伦敦的书店

书名	作者
《伦敦A~Z》	地理学家A~Z地图社
《孤独星球：欧洲》	多人
《老家伙》	连尼·麦克林
《丁丁历险记》（全套）	埃尔热
《阿斯泰里斯》（全套）（Asterix）	科勒西和乌代尔佐
《偷走这本书》（Steal this Book）	艾比·霍夫曼
《蜘蛛侠》（Spider-Man）	斯坦·李
《班克西涂鸦作品集》（Wall and Piece）	班克西
Moleskin日记本（文具）	无
《折翼天使》	杰弗里·尤金尼德斯

苏格兰的书店

书名	作者	地点
《哈利·波特与密室》	J. K. 罗琳	
《爱人和游戏者》	杰姬·科林斯	
《钻石女孩》（Diamond Girls）	杰奎琳·威尔逊	
《里布斯警官》系列（全套）（Rebus）	伊恩·兰金	
《安全驾驶理论》	英国皇家出版局	
《街头儿童》（Street Child）	波利·多赫蒂	
《查理和巧克力工厂》	罗尔德·达尔	
《碟形世界》（全套）	特里·普拉切特	
全部作品	斯蒂芬·金	
全部作品	阿加莎·克里斯蒂	

 资料来源：guardian网站、dailyrecord网站、huffingtonpost网站、publishersweekly网站、维基百科

1考得风干的密实硬木=300令②纸

1考得①=
15棵树或462册200页的精装书

书籍
需要的树木

出版业并不是十分环保的产业，因为它的最终产品——书籍是从树而来的。那么每年到底有多少树木变成了书籍呢？

1棵树=31本书

以1棵树=31本书计，每年需要砍伐6.45亿棵树来制成书本

世界教科文组织的统计数据显示，每年有200万种图书出版，印数各不相同，总印刷册数可以达到20亿

森林覆盖率前五的国家

瑞典68.7%

苏里南94.6%

日本68.6%

斯洛文尼亚62.3%

韩国64%

森林覆盖面积（平方千米）前五的国家

美国300万

俄罗斯810万

中国210万

瑞典30万—

澳大利亚150万

① 1考得约是1.2米×1.2米×2.4米的原木量。
② 令是纸张的单位，1令纸约重30千克。

资料来源：ecology网站，unesco网站，ehow网站，dataworldbank网站

早期的印度神话

印度史诗《罗摩衍那》的写作时间可以追溯到公元前1000年，它至今仍是世界上被阅读、翻译和搬上舞台次数最多的诗歌之一。诗歌在情节上与荷马的作品有许多相似之处：家族之间的战争、被诱拐的妻子、幻化成犯人的神祇等。

金翅鸟王

罗摩的盟友，以鸟类形象出现的半神，试图阻止罗波那掳走悉多，但翅膀被砍断。年长睿智，为罗摩出谋划策。

悉多

罗摩的妻子、财富女神拉克希米的化身，对丈夫无限忠诚，为证明自己的贞洁不惜投火自明。在被放逐之后，被地母接纳。

哈奴曼

罗摩的盟友、风神伐由之子、半猴半人的战士，具有超强的神力和飞行的能力，并能自由变换大小。能将神山托在手中，还曾用尾巴作为火炬引燃过一个城市。

十车王

父亲、阿逾陀城的国王，接受了火神的祝福，因此三个妻子都产下了伟大的子嗣。

罗什曼那

小儿子，对罗摩忠心耿耿。擅长使用弓和剑，是伟大的伙伴。

罗摩

长子、大神毗湿奴的化身、责任和荣誉的象征、恶魔的毁灭者，拥有神圣武器和超凡神力。担任统治者11000年间，国家没有发生战争、灾祸和疫病。弱点：据说一种蛇的毒液可以使他昏睡不醒。

维毗沙那

罗波那的魔怪兄弟，有一颗金子心。他劝说罗波那将悉多放回她的丈夫身边，在罗波那拒绝之后，他与罗摩站在一边，帮助他的军队取得胜利。在罗波那被击败后，维毗沙那加冕为楞伽城的王，被看作以内心真善美抵御各种困难的象征。

正面人物

须羯哩婆

罗摩的盟友、太阳神之子、猴王。在罗摩帮助他打败自己的兄弟夺取王位之后，为罗摩提供了打败罗波那所需的大军。

康巴哈那

罗波那的兄弟、宛如野兽般的巨大恶魔。由于激怒了神祇，天神降下诅咒，使得他每次睡眠的时间长达六个月，醒来的时间只有一天，会将看到的所有东西吃掉。在决战前夜，罗波那以千头大象踩踏他的身体，将他唤醒。

罗波那

伟大的统治者、学者和音乐家，信奉湿婆，象征着被内心欲望毁灭的伟大人物。有十个头颅的罗波那掳走了悉多。他力量超凡，不老不死，连天神也无法打败他，但却不愿意接受凡人的保护——也因此被罗摩击败。

反派人物

因陀罗耆特

罗波那之子、强大的战士，凭一己之力摧毁了须羯哩婆的军队。在经过三天三夜的战斗之后，被罗什曼那杀死。

婆罗多

次子。在罗摩被流放期间代兄摄政——他将罗摩的鞋子供奉在王座之上，自己坐在其下。在执政期间征服了广大的土地。

S

首哩薄那迦

罗波那的恶魔妹妹。被罗摩和罗什曼那深深吸引，试图勾引二人，但被严词拒绝。在试图攻击悉多的时候，被罗什曼那割掉了鼻子，因此怀恨，怂恿罗波那将悉多据为己有。有人认为首哩薄那迦是《罗摩衍那》中推动剧情发展最重要的人物。

四名侦探······

这四名侦由来自四个国家的作家分别创造，且都是畅销书的主角，其形象均曾被电视明星演绎过，放在一起进行一下对比会有奇妙的发现。

私家侦探佩佩·卡瓦略

故事背景： 西班牙巴塞罗那

人物形象： 中年男子、离经叛道的私家侦探，曾是共产党员和CIA的探员，为了取暖会焚烧书籍，与女友的关系不融洽，能够烹饪复杂的大餐。

作者国籍：	西班牙	
作者：	曼努埃尔·巴斯克斯·蒙塔尔万	
小说数量：	18	1972—2004
短篇故事集：	4	1987
食谱：	1	1989
销量：	西班牙语版本售出200万册	

卡瓦略的电视剧集：
（西班牙）3季，18集，1986—2003

卡瓦略的电影：
（西班牙）2部，1995、1997；
（意大利）4部，1976、1983、1990、1991

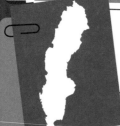

科特·维兰德探长

故事背景： 瑞典于斯塔德

人物形象： 中年男子、高级警务官员，行事不按常理，离婚，父亲重病，与女友关系复杂，居住在海边，饮食简单，在扶手椅上睡觉。

作者国籍：	瑞典	
作者：	贺宁·曼凯尔	
小说数量：	11	1997—2011

英国观众人数纪录：
2008年12月1日，620万人

销量： 40种语言的版本共售出3000万册

维兰德的电视剧集：
（瑞典）2季，26集，2005—2010
（英国）4季，12集，2008—2014

维兰德的电影：
（瑞典）9部，1994—2007

萨尔沃·蒙塔巴诺探长

故事背景： 意大利西西里岛

人物形象： 中年男子、高级警务官员，行事不按常理，与女友关系复杂，居住在海边，热爱游泳，擅长烹制复杂的美食。

作者国籍： 意大利		
作者： 安德烈亚·卡米莱里		
小说数量： 20	1994—2012	
短篇故事集： 4	1998—2004	
英国观众人数纪录： 2002年11月4日，980万人		
销量： 30种语言的版本共售出1650万册		
蒙塔巴诺的电视剧集： （意大利）9季，26集，1999—2013		
前传电视剧集： （意大利）6季，《青年蒙塔巴诺》，2012		

警探奥雷里奥·任恩

故事背景： 意大利佩鲁贾、罗马和萨丁尼亚

人物形象： 中年男子、高级警务官员，行事不按常理，与女友关系复杂，母亲病重，喜欢烹制简单的意面。

作者国籍： 英国		
作者： 迈克尔·迪布登		
小说数量： 11	1998—2007	
英国观众人数纪录： 2011年1月2日，570万人		
销量： 18种语言的版本共售出逾100万册		
任恩的电视剧集： （英国）1季，3集，2011		

放弃日常工作

当作者能够卖出足够的作品来维持自己的生活时，就会成为职业作家。在这之前，他们需要一份日常工作，而在业余时间写作。下图展示了一些成功作家曾经从事的日常工作的收入水平和他们现在的身价。

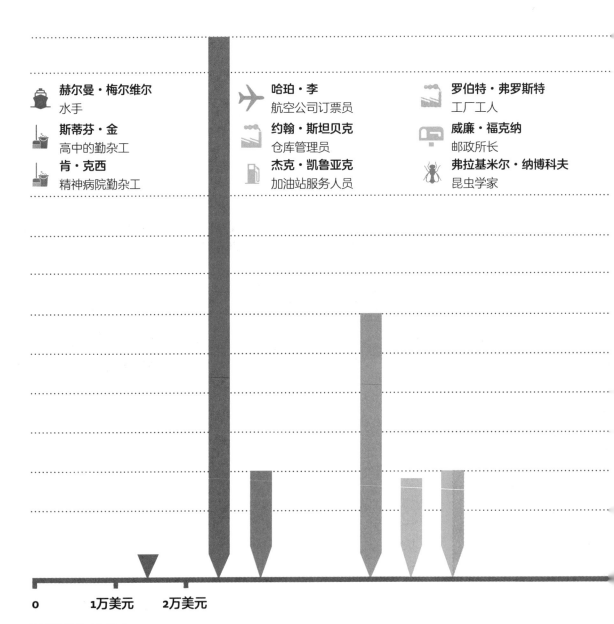

赫尔曼·梅尔维尔
水手

斯蒂芬·金
高中的勤杂工

肯·克西
精神病院勤杂工

哈珀·李
航空公司订票员

约翰·斯坦贝克
仓库管理员

杰克·凯鲁亚克
加油站服务人员

罗伯特·弗罗斯特
工厂工人

威廉·福克纳
邮政所长

弗拉基米尔·纳博科夫
昆虫学家

0   1万美元   2万美元

日常工作的收入

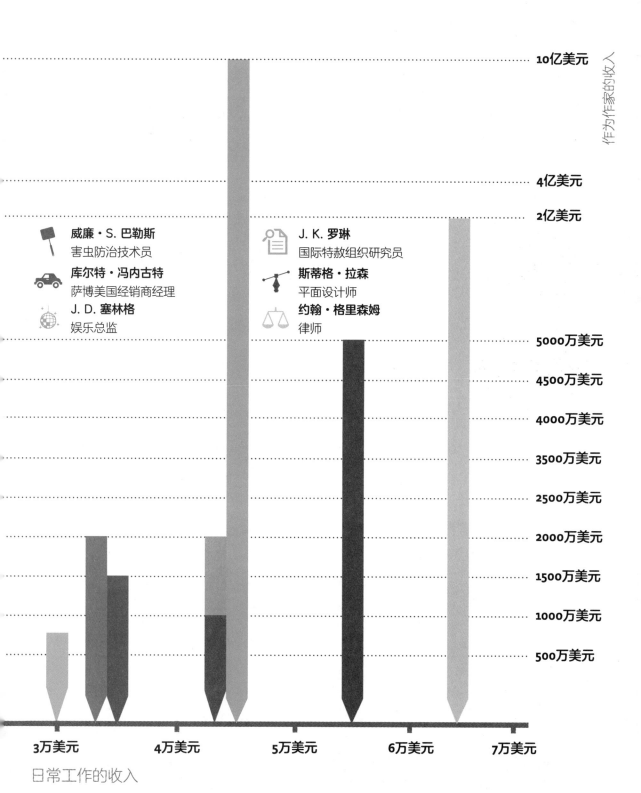

作为作家的收入

10亿美元

4亿美元

2亿美元

威廉·S. 巴勒斯
害虫防治技术员

J. K. 罗琳
国际特赦组织研究员

库尔特·冯内古特
萨博美国经销商经理

斯蒂格·拉森
平面设计师

J. D. 塞林格
娱乐总监

约翰·格里森姆
律师

5000万美元

4500万美元

4000万美元

3500万美元

2500万美元

2000万美元

1500万美元

1000万美元

500万美元

3万美元　　　4万美元　　　5万美元　　　6万美元　　　7万美元

日常工作的收入

资料来源: celebritynetworth网站, 维基百科

最亲爱的母亲？

家庭事务在19世纪和20世纪初的经典小说中占据重要地位。从简·奥斯汀到弗吉尼亚·伍尔芙，不管是查尔斯·狄更斯、乔治·艾略特、奥斯卡·王尔德，还是D. H. 劳伦斯和E. M. 福斯特，这个时代的作者对母亲这一角色进行了大量深入的剖析，创造了许多脍炙人口的形象。下图总结了每位作家主要作品中母亲的形象：是正面、负面，还是已经离世？

① 《玛丽·巴顿》作者应是盖斯凯尔夫人，此处为原书错误。

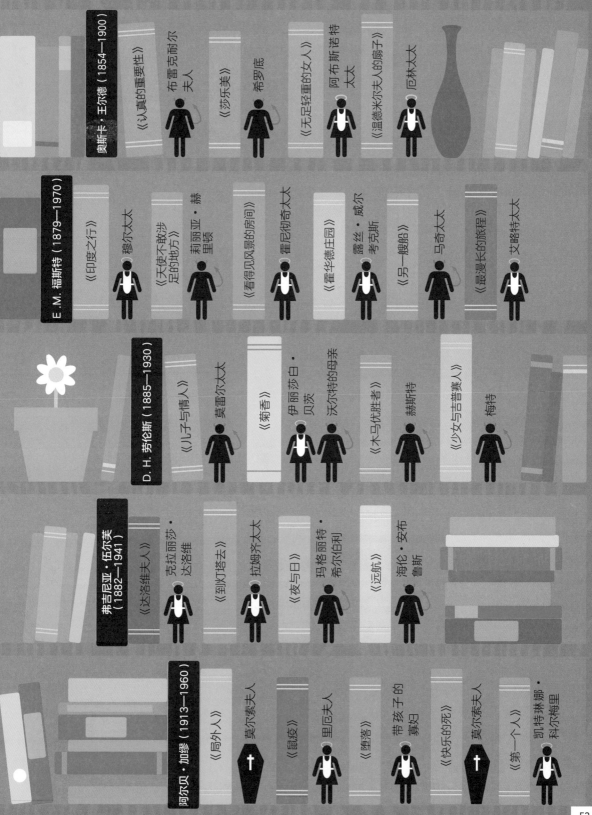

奥斯卡·王尔德（1854—1900）

- 《认真的重要性》
- 布雷克耐尔夫人
- 《莎乐美》
- 希罗底
- 《无足轻重的女人》
- 阿布斯诺特夫人
- 《温德米尔夫人的扇子》
- 厄林太太

E.M.福斯特（1879—1970）

- 《印度之行》
- 穆尔太太
- 《天使不敢涉足的地方》
- 莉丽亚·赫里顿
- 《看得见风景的房间》
- 霍尼彻奇太太
- 《霍华德庄园》
- 露丝·威尔考克斯
- 《另一艘船》
- 马奇太太
- 《最漫长的旅程》
- 艾略特太太

D.H.劳伦斯（1885—1930）

- 《儿子与情人》
- 莫雷尔太太
- 《菊香》
- 伊丽莎白·贝茨
- 沃尔特的母亲
- 《木马优胜者》
- 赫斯特
- 《少女与吉普赛人》
- 梅特

弗吉尼亚·伍尔芙（1882—1941）

- 《达洛维夫人》
- 克拉丽莎·达洛维
- 《到灯塔去》
- 拉姆齐太太
- 《夜与日》
- 玛格丽特·希尔伯利
- 《远航》
- 海伦·安布鲁斯

阿尔贝·加缪（1913—1960）

- 《局外人》
- 莫尔索夫人
- 《鼠疫》
- 里厄夫人
- 《堕落》
- 带孩子的荡妇
- 《快乐的死》
- 莫尔索夫人
- 《第一个人》
- 凯特琳娜·科尔梅里

53

早在古腾堡发明活字印刷之前，就有许多书因为各种原因在不同的国家和地区或组织被列为禁书。下面展

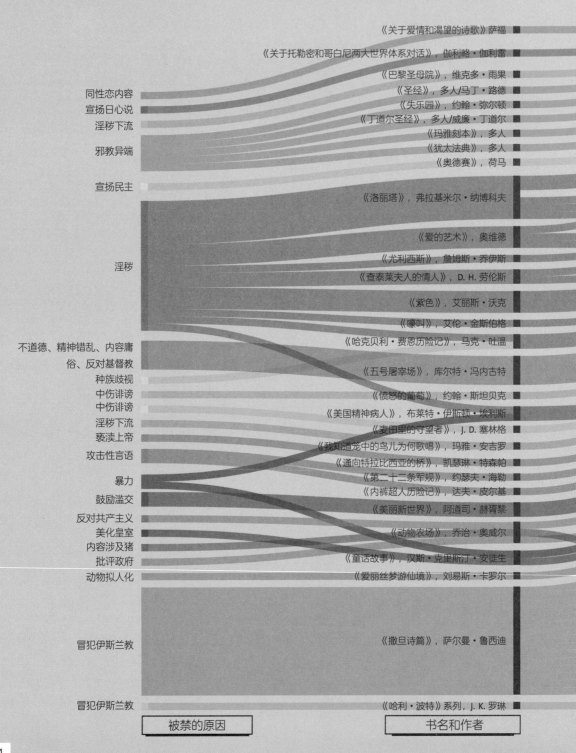

被禁的原因

同性恋内容
宣扬日心说
淫秽下流
邪教异端
宣扬民主
淫秽
不道德、精神错乱、内容庸俗、反对基督教
种族歧视
中伤诽谤
中伤诽谤
淫秽下流
亵渎上帝
攻击性言语
暴力
鼓励滥交
反对共产主义
美化皇室
内容涉及猪
批评政府
动物拟人化
冒犯伊斯兰教
冒犯伊斯兰教

书名和作者

《关于爱情和渴望的诗歌》萨福
《关于托勒密和哥白尼两大世界体系对话》，伽利略·伽利雷
《巴黎圣母院》，维克多·雨果
《圣经》，多人/马丁·路德
《失乐园》，约翰·弥尔顿
《丁道尔圣经》，多人/威廉·丁道尔
《玛雅刻本》，多人
《犹太法典》，多人
《奥德赛》，荷马
《洛丽塔》，弗拉基米尔·纳博科夫
《爱的艺术》，奥维德
《尤利西斯》，詹姆斯·乔伊斯
《查泰莱夫人的情人》，D. H. 劳伦斯
《紫色》，艾丽斯·沃克
《嚎叫》，艾伦·金斯伯格
《哈克贝利·费恩历险记》，马克·吐温
《五号屠宰场》，库尔特·冯内古特
《愤怒的葡萄》，约翰·斯坦贝克
《美国精神病人》，布莱特·伊斯顿·埃利斯
《麦田里的守望者》，J. D. 塞林格
《我知道笼中的鸟儿为何歌唱》，玛雅·安吉罗
《通向特拉比西亚的桥》，凯瑟琳·特森帕
《第二十二条军规》，约瑟夫·海勒
《内裤超人历险记》，达夫·皮尔基
《美丽新世界》，阿道司·赫胥黎
《动物农场》，乔治·奥威尔
《童话故事》，汉斯·克里斯汀·安徒生
《爱丽丝梦游仙境》，刘易斯·卡罗尔
《撒旦诗篇》，萨尔曼·鲁西迪
《哈利·波特》系列，J. K. 罗琳

示了从公元5年到21世纪被禁止在社会大众中传播的30种

图书，有些书被禁确实出人意料。

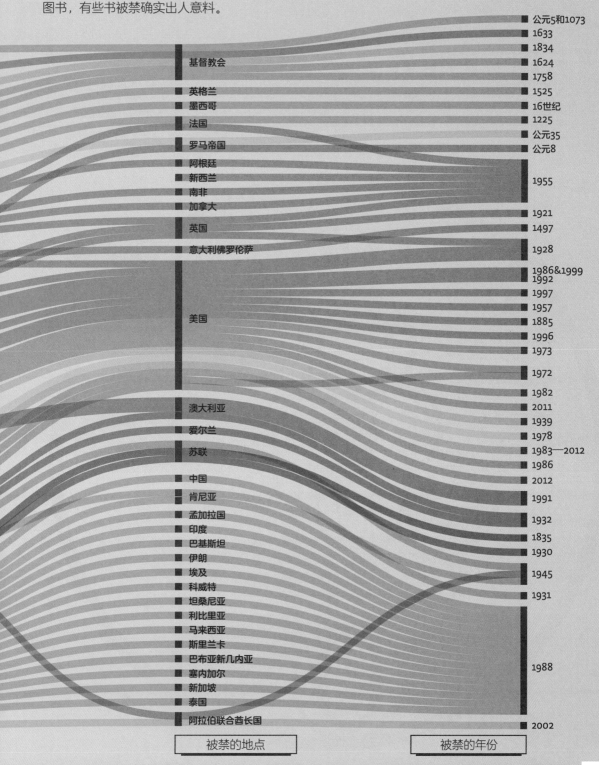

被禁的地点　　　　　被禁的年份

资料来源：ala网站，oif.ala网站，bannedbooks.world网站，维基百科

《云图》的世界

大卫·米切尔2004年发表的这部作品大获成功，小说向读者展示了发生在不同时间、不同地点乃至不同世界的6段故事。前5个故事在情节展开之后戛然而止，直到全书尾声才给出交代。下图说明了这6个故事是如何交织在一起的。

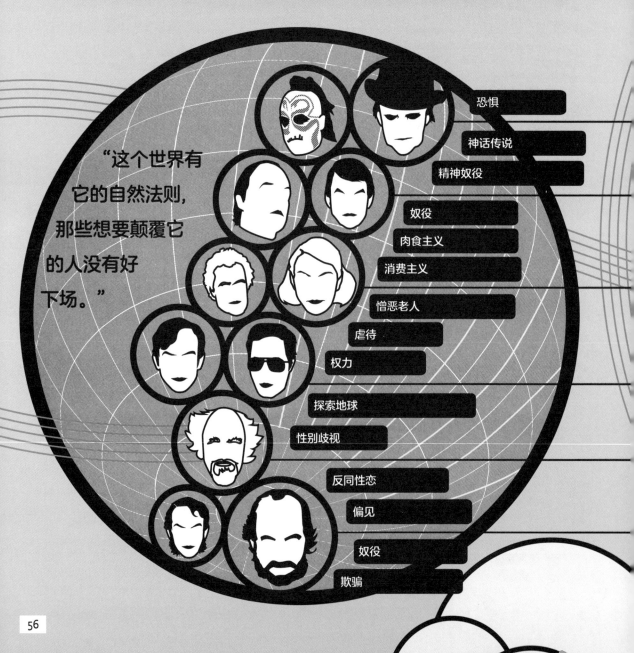

"这个世界有它的自然法则，那些想要颠覆它的人没有好下场。"

恐惧

神话传说

精神奴役

奴役

肉食主义

消费主义

憎恶老人

虐待

权力

探索地球

性别歧视

反同性恋

偏见

奴役

欺骗

"真相只有一种。

其他版本都不是真相。"

《星美-451启示录》
由朴姓档案员记录

星美-451的
记录仪

扎克里

星美-451

《蒂莫西·卡文迪
什的苦难经历》

《半衰期：路易莎·
雷的第一个谜》
作者哈维尔·戈麦斯

蒂莫西·卡文
迪什

《水质因素
报告》

路易莎·雷

写给思科史
密斯的信

《云图六重奏》
由罗伯特·弗
罗比舍作曲

罗伯特·弗罗
比舍

亚当·尤因的
太平洋日记

亚当·尤因

扎克里的口
述历史

《战争与和平》

尼古拉·保尔康斯基公爵

安德烈

娜塔莎

米佳
（迪米特里）

丽莎·卡罗夫娜·保尔康斯卡娅（婚前姓梅尼那）

安德烈·尼古拉耶维奇·保尔康斯基公爵

玛丽雅·保尔康斯卡娅公爵夫人

{

尼古拉·罗斯托夫伯爵

宋尼雅
（姓氏未知）

彼嘉·罗斯托夫

薇拉·罗斯托娃

{

阿尔冯斯·卡洛维奇·别尔格

已故的保尔康斯卡娅公爵夫人

{

尼古拉·保尔康斯基老公爵

亚历山大
（姓氏未知）

伊里亚·罗斯托夫老伯爵

{

娜塔莉亚·罗斯托娃老伯爵夫人

彼得·尼古拉耶维奇·申兴伯爵

彼得已婚的兄弟

{

彼得的表姐妹

安德烈·罗斯托夫的兄弟或姐妹

安德烈·罗斯托夫

申兴伯爵

尼古拉·申兴

尼古拉·申兴的兄弟或姐妹

罗斯托夫伯爵

申兴伯爵

保尔康斯基家族

罗斯托夫家族

申兴家族

58

托尔斯泰这部鸿篇巨制的第一版问世于1869年，尽管篇幅长达1094千字，但不妨碍它一直以来都是人们心中的杰作。为了帮助读者梳理情节，下图展示了书中7个家族的人物关系。

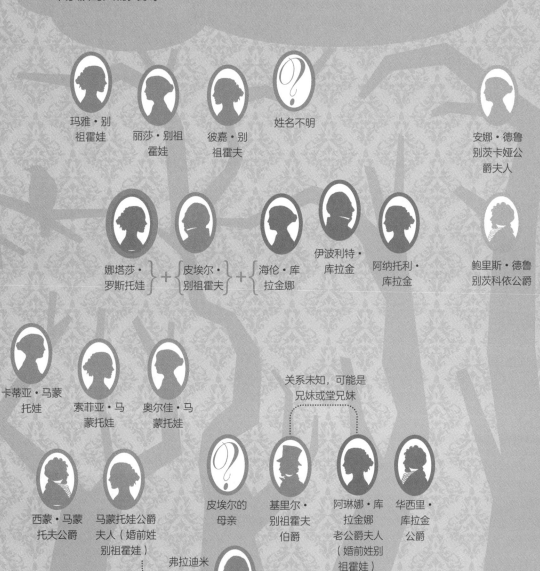

玛雅·别祖霍娃

丽莎·别祖霍娃

彼嘉·别祖霍夫

姓名不明

安娜·德鲁别茨卡娅公爵夫人

娜塔莎·罗斯托娃 + 皮埃尔·别祖霍夫 + 海伦·库拉金娜

伊波利特·库拉金

阿纳托利·库拉金

鲍里斯·德鲁别茨科依公爵

卡蒂亚·马蒙托娃

索菲亚·马蒙托娃

奥尔佳·马蒙托娃

关系未知，可能是兄妹或堂兄妹

西蒙·马蒙托夫公爵

马蒙托娃公爵夫人（婚前姓别祖霍娃）

关系未知

弗拉迪米尔·别祖霍夫

皮埃尔的母亲

基里尔·别祖霍夫伯爵

阿琳娜·库拉金娜老公爵夫人（婚前姓别祖霍娃）

华西里·库拉金公爵

马蒙托夫家族

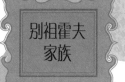

别祖霍夫家族

库拉金家族

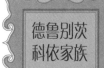

德鲁别茨科依家族

阿尔贝·加缪
《局外人》
（小说，1942年）

保罗·鲍尔斯
《遮蔽的天空》
（小说，1949年）

费奥多尔·陀思妥耶夫斯基
《死屋手记》
（小说，1861年）

恰克·帕拉尼克
《搏击俱乐部》
（小说，1996年）

弗兰兹·卡夫卡
《审判》
（小说，1925年）

阿尔贝·加缪
《西西弗的神话》
（散文，1942年）

存在主义的象征性符号

伟大的存在主义作家们会在自己的作品中使用各种象征性事物来表达荒诞、虚无、绝望、疏离等意象。这些图表说明了哪位作家会使用哪些符号、各自代表什么意思。

塞缪尔·贝克特
《等待戈多》
（戏剧，1953年）

库尔特·冯内古特
《第五屠宰场》
（小说，1969年）

阿尔贝·加缪
《卡里古拉》
（戏剧，1939年）

安部公房
《沙丘之女》
（小说，1962年）

保罗·策兰
《罂粟与记忆》
（诗歌，1952年）

塞缪尔·贝克特
《剧终》
（戏剧，1957年）

弗兰兹·卡夫卡
《变形记》
（中篇小说，1915年）

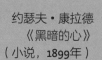

约瑟夫·康拉德
《黑暗的心》
（小说，1899年）

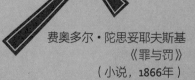

费奥多尔·陀思妥耶夫斯基
《罪与罚》
（小说，1866年）

让-保罗·萨特
《恶心》
（小说，1938年）

伊凡·屠格涅夫
《父与子》
（小说，1862年）

欧仁·尤内斯库
《犀牛》
（戏剧，1959年）

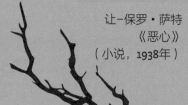

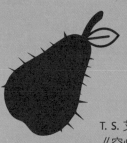

欧仁·尤内斯库
《新房客》
（戏剧，1955年）

T. S. 艾略特
《空心人》
（诗歌，1925年）

让-保罗·萨特
《禁闭》
（戏剧，1944年）

赫尔曼·黑塞
《荒原狼》
（小说，1927年）

威廉·福克纳
《我弥留之际》
（小说，1930年）

爱德华·阿尔比
《谁害怕弗吉尼亚·
伍尔芙？》
（戏剧，1962年）

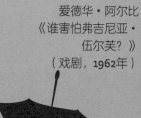

汤姆·斯托帕德
《罗森·格兰兹与吉
尔·登斯顿之死》
（戏剧，1966年）

威廉·莎士比亚
《哈姆雷特》
（戏剧，1599—1602年）

拉尔夫·埃里森
《隐形人》
（小说，1952年）

不朽的莎士比亚

　　威廉·莎士比亚的戏剧一直是后世作家们的灵感源泉，还被许多创作者拿来作为背景。基于以下6部戏剧，当代作家们创作了不同体裁的多部作品。

《哈姆雷特》

2006 《奥菲莉娅》 丽莎·M.克雷恩

2011 《为哈姆雷特倾倒》 米歇尔·雷

2008 《在艾尔辛诺的大厅中》 布拉德·C.霍尔森

1966 《罗森·格兰兹与吉尔·登斯顿之死》 汤姆·斯托帕德

2013 《生存还是毁灭：一条可选择的冒险之路》 瑞恩·诺斯

2000 《格特鲁和克劳迪思》 约翰·阿普代克

《罗密欧与朱丽叶》

2010 《朱丽叶俱乐部》 苏珊妮·哈珀

2014 《影子王子》 瑞秋·卡恩

2012 《不死的朱丽叶》 斯黛茜·杰

1956 《洛马诺夫和朱丽叶》 彼得·乌斯蒂诺夫

2010 《朱丽叶》 安妮·福蒂尔

2011 《生命：爆炸的图表》 马尔·皮特

《仲夏夜之梦》

2004 《这一定是爱情》 图伊·萨瑟兰

2013 《仲夏夜的魔法》 茱莉亚·威廉姆斯

1988 《仙境传说》 雷蒙德·E.费斯特

1992 《精灵石圈》（《碟形世界》系列） 特里·普拉切特

1997 《仲夏夜之梦》 安德鲁·哈曼

2011 《美妙一夜》 克里斯·阿德里安

青少年文学	女性文学	恐怖文学	幽默文学	冒险/探险文学	文艺虚构文学

《暴风雨》

2013	2010	2010	2012	2010	1989
《温蒂尼》	《绅士诗人》	《失落的普洛斯彼罗》	《暴风骤雨》（《扭曲之光》系列）	《永动机之梦》	《妈妈日》
佩妮·卢森	卡斯琳·约翰逊	L. 贾吉·兰普莱特	阿斯克尤和赫尔梅斯	德克斯特·帕尔默	格洛丽亚·内勒

* The Gentleman Poet: A Novel Of Love, Danger, And Shakespeare's The Tempest

《麦克白》

2007	2008	2008	1980	1982	1973
《三个女巫开场戏》	《麦克白夫人》	《失落的国王》	《巫婆怪女》（《碟形世界》系列）	《变粗的光线》	《麦克贝特》
卡洛琳·B. 库尼	苏珊·弗雷泽·金	安德鲁·雷曼	特里·普拉切特	奈哥·马希	欧仁·尤内斯库

《威尼斯商人》

2001	2004	2008	2014	2003	1994
《夏洛克的女儿》	《夏洛克的女儿：威尼斯的爱情小说》	《威尼斯商人》	《威尼斯之蛇》	《复仇的商人》	《夏洛克行动：坦白》
米尔贾姆·普莱斯勒	艾丽卡·琼	加雷斯·席恩兹	克里斯托弗·摩尔	西蒙·霍克	菲利普·罗斯

库尔特·冯内古特眼中的故事类型

困境中的人

主角陷入麻烦，但克服了困难，解决问题的过程使其变得更好。

 《毒药和老妇》

 《灵堡奇遇》

男孩遇到女孩

主角遇到了美好的某人（或某物），得到了对方，又不幸失去，最终有情人终成眷属（或得偿所愿）。

 《简·爱》

 《美丽心灵的永恒阳光》

从糟糕到更糟

境遇糟糕的主角又遭遇了更多不幸，看不到希望和转机。

 《变形记》 《迷离时空》

到底是怎么回事？

整个故事的展开扑朔迷离，让我们无法确定情节是向好还是向坏发展。

 《哈姆雷特》

 《黑道家族》

库尔特·冯内古特创作了许多脍炙人口的作品，包括《五号屠宰场》《猫的摇篮》《冠军早餐》等，为他赢得了巨大的声誉。但在他个人看来，自己那篇未能通过评审的人类学硕士论文才是他对文化最大的贡献。论文的主要论点在于，故事中主角境遇的起伏塑造了整个故事。他认为，情节起伏的形式越有趣味，情节本身的形式就越有意思。

创世故事

在许多文化的创世传说中，人类从神明那里不断获得恩赐。起初是主要的元素，例如大地和天空；随后是小一些的东西，比如麻雀和手机。但这并不是西方故事叙述的传统方式。

旧约

人类不断从神明那里获得恩赐，但突然被剥夺了其中绝大部分。

 原版结局的《远大前程》

新约

人类不断从神明那里获得恩赐，突然被剥夺了这项权利，但由此获得了其他此前无法得到的美好事物。

 新版结局的《远大前程》

灰姑娘

1947年，冯内古特开始被"灰姑娘"和"新约"这两种故事类型之间的相似之处吸引。之后，他持之以恒地围绕这两个主题写作并多次演讲。

最后一章

与生命的真谛一样，死亡中的真相有时比小说还要离奇。许多小说家、诗人和剧作家都遇到了悲伤而可怕的死亡，下面这些例子都证明了这一点。

 自杀

 离奇死亡

 谋杀

阿尔贝·加缪

小说家

{ 1960年1月4日于法国勃艮第地区维勒布莱万去世。 }

在天气晴朗、路上没有其他车辆的情况下，乘坐的汽车在一条笔直的道路上撞上了大树。享年46岁。

约翰·肯尼迪·图尔

小说家

{ 1969年3月26日于美国密西西比州比洛克西去世。 }

吸入汽车尾气。享年31岁。

唐纳德·高尼斯

（即阿尔·C. 克拉克）

小说家

{ 1974年10月21日于美国密歇根州底特律去世。 }

枪伤，凶手不明。享年37岁。

罗兰·巴特

文学评论家

{ 1980年2月25日于法国巴黎去世。 }

在过马路时被洗衣店的车撞倒。享年64岁。

布鲁诺·舒尔茨

小说家

{ 1942年11月19日于乌克兰德罗霍贝奇去世。 }

被盖世太保军官枪杀。享年50岁。

玛格丽特·米切尔

小说家

{ 1949年8月11日于美国佐治亚州亚特兰大去世。 }

司机酒后驾车引发交通事故。享年48岁。

西尔维娅·普拉斯

诗人

{ 1963年2月11日于英国伦敦去世。 }

点燃家中煤炉自杀。享年30岁。

埃德加·爱伦·坡

诗人、小说家

{ 1849年10月7日于美国马里兰州巴尔的摩去世。 }

被发现倒在街上，处于半昏迷状态，身上穿着不属于自己的衣物。病历丢失。享年40岁。

哈特·克莱恩

诗人

{ 1932年4月27日于美国佛罗里达湾去世。 }

溺水。享年32岁。

克里斯托弗·马洛

剧作家

{ 1593年5月30日于英国伦敦去世。 }

被刺身亡。享年29岁。

丹·安德松

诗人、评论家

{ 1920年9月16日于瑞典斯德哥尔摩去世。 }

杀虫剂（氢氰酸）中毒身亡。享年32岁。

乔奇·马尔科夫

小说家、剧作家

{ 1978年9月11日于英国伦敦去世。 }

被保加利亚特工用蓖麻毒毒死。享年49岁。

莱切斯特·海明威

非虚构作家

{ 1982年9月13日于美国佛罗里达州迈阿密海滩去世。 }

头部中枪。享年67岁。

乔伊·亚当森

回忆录作家

{ 1980年1月3日于肯尼亚沙巴国家保护区去世。 }

被一名前雇员用刀砍死。享年69岁。

三岛由纪夫

剧作家、诗人

{ 1970年11月25日于日本东京去世。 }

切腹自杀。享年45岁。

皮埃尔·保罗·帕索里尼

诗人

{ 1975年11月2日于意大利奥斯提亚去世。 }

一名青年驾驶帕索里尼的汽车多次从他身上碾过。享年53岁。

田纳西·威廉斯

剧作家

{ 1983年2月24日于美国纽约去世。 }

药瓶盖卡喉窒息死亡。享年71岁。

B. S. 约翰逊

小说家、诗人

{ 1973年11月13日于英国伦敦去世。 }

割腕自杀。享年40岁。

马克斯韦尔·博登海姆

诗人

{ 1954年2月6日于美国纽约去世。 }

被流浪汉射中两枪身亡。享年62岁。

欧内斯特·海明威

小说家

{ 1961年7月2日于美国爱达荷州凯彻姆去世。 }

饮弹自杀。享年61岁。

兰德尔·贾雷尔

诗人、评论家

{ 1965年10月14日于美国北卡罗来纳州教堂山去世。 }

在高速公路上被车撞倒。享年51岁。

乔·奥顿

剧作家

{ 1967年8月9日于英国伦敦去世。 }

被情人肯尼丝·哈利威尔用锤子击杀。享年34岁。

弗吉尼亚·伍尔芙

小说家

{ 1941年3月28日于英国罗德麦尔的欧塞河去世。 }

溺水。享年59岁。

费德里科·加西亚·洛尔迦

剧作家

{ 于1936年8月19日于格拉纳达去世。 }

在酒吧混战中被刺中眼部，凶手不明。享年29岁。

泽尔达·菲茨杰拉德

小说家

{ 1948年3月10日于美国北卡罗来纳州阿什维尔去世。 }

在疗养院的大火中丧生。享年47岁。

斯蒂芬·茨威格

小说家、剧作家

{ 1942年2月22日于巴西里约热内卢去世。 }

过量服用巴比妥酸盐。享年60岁。

回忆	23%
玛德莱娜小蛋糕	15%
时间	10%
艺术	9%
社会阶级的跃升	7%
母亲	7%
同性恋	7%
作家的瓶颈	6%
餐食	6%
戏剧	4%
裁缝	3%
冲突	2%
睡眠	1%

马塞尔·普鲁斯特
在想什么？

马塞尔·普鲁斯特（1871—1922）最著名的作品是共包含
七卷的长篇巨著《追忆逝水年华》，其灵感源于浸泡在茶水中的
法式点心。普鲁斯特在生命的最后13年中夜以继日地工作，才最
终完成这部巨著，其中充满了作者极其具体的回忆、对观点的反
思，折射出当时的社交行为和法国社会的各个方面。从这部作品
中，我们可以推断出作者脑中都在思考些什么。

猫科动物代表的情感

小说家酷爱各种猫科动物，因为它们不但可以是邪恶的化身，还可以代表可爱与忠诚。我们用平面直角坐标系的方式展示了不同作者笔下猫科动物的形象。

可亲

克鲁克山
《哈利·波特》系列，J. K. 罗琳

帽子里的猫
《苏斯博士》

莫克西
《黑暗物质》系列，菲利普·普尔曼

柴郡猫
《爱丽丝梦游仙境》，刘易斯·卡罗尔

理查德·帕克
《少年Pi的奇幻漂流》，扬·马特尔

阿斯兰
《纳尼亚传奇》，C. S. 刘易斯

道
《一猫二狗三分亲》，西拉·伯福德

普卢托
《黑猫》，埃德加·爱伦·坡

绵谷升
《奇鸟行状录》村上春树

独来独往的猫
《独来独往的猫》拉迪亚德·吉卜林

米纳娄舍
《猫和月光》，W. B. 叶芝

莫格
《小猫莫格》朱迪思·克尔

神秘

忠诚

马凯维提
《老负鼠的猫经》，T. S. 艾略特

野茉莉
（Snowbell）
《精灵鼠小弟》，E. B. 怀特

卡波尔
《猫王》，芭芭拉·斯蕾

河马
《大师和玛格丽特》，米哈伊尔·布尔加科夫

格里波
《碟形世界》系列，特里·普拉切特

恶毒

哥特的程度

哥特文学起源于18世纪晚期，一般认为霍勒斯·沃波尔和安·拉德克利夫是这一派系的开山鼻祖，他们创作的模式被后世的作家沿袭和完善。哥特小说有13项关键要素，我们来看看一些优秀作品拥有其中的哪些要素。

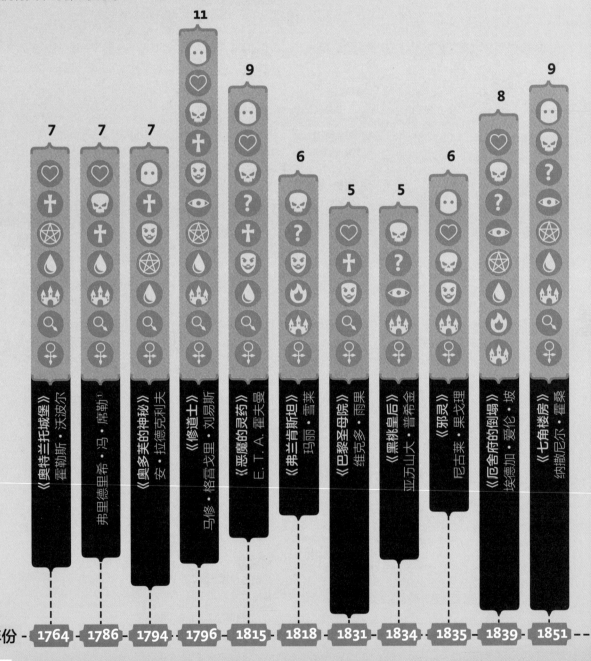

① 原著并未标出席勒1786年的作品名称。——译者注

哥特小说的关键要素

- 贞洁的女性受害者，经常处在逃跑、尖叫或晕倒的状态
- 风暴、浓雾或火焰
- 古老的诅咒或语言
- 天主教、神职人员、修士和修女
- 死亡、哀悼、必死的命运
- 残忍、无法摆脱的男性反派
- 鲜血和贵族的堕落
- 幻象、梦和预兆
- 疯狂
- 鬼魂、巫术和恶魔崇拜、死灵法术
- 位于贫瘠或偏远地方的老旧、可怕别墅或城堡
- 可怕的陌生人、面貌相似的人或野兽、身体上的畸形
- 欲望、乱伦、强奸等

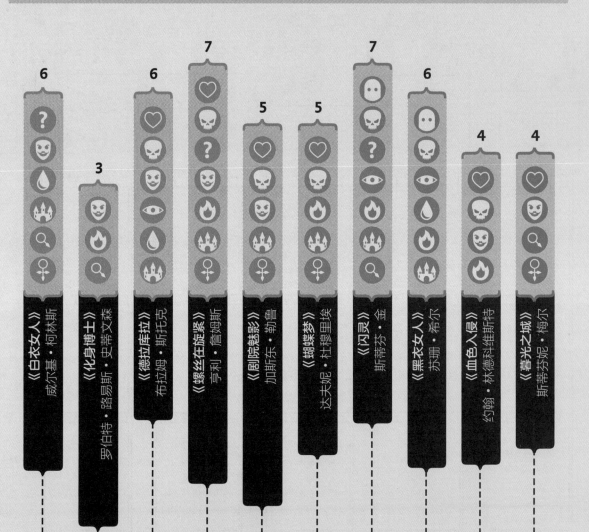

6	3	6	7	5	5	7	6	4	4
《白衣女人》 威尔基·柯林斯	《化身博士》 罗伯特·路易斯·史蒂文森	《德拉库拉》 布拉姆·斯托克	《螺丝在旋紧》 亨利·詹姆斯	《剧院魅影》 加斯东·勒鲁	《蝴蝶梦》 达夫妮·杜穆里埃	《闪灵》 斯蒂芬·金	《黑衣女人》 苏珊·希尔	《血色入侵》 约翰·林德科维斯特	《暮光之城》 斯蒂芬妮·梅尔
1859	1886	1897	1898	1909	1938	1977	1983	2004	2005

文学作品中的怪兽

　　古希腊人善于创造怪兽的形象，他们描绘的怪兽在之后的几个世纪中依然在人们口中和书本上流传。这一方面是因为希腊神话故事深入人心，还有一个重要原因是后世的小说家不断从这些怪兽形象中获取灵感并赋予它们新的内涵。下面我们列举了一些对怪兽的重新演绎。

恩克拉多斯
四肢像巨蛇的巨人

《海伯利安》
约翰·济慈
1819年
在作品中提到

《皮埃尔》
赫尔曼·梅尔维尔
1852年
出现在梦中

《迷失的英雄》
雷克·莱尔顿
2010年
主要反派

半人马
拥有人的头、躯干和马的身体

《纳尼亚传奇》
C. S. 刘易斯
1950—1956年
拥有理智的生物

《哈利·波特》
J. K. 罗琳
1997—2007年
生活在禁林中的生物

《半人马》
约翰·厄普代克
1963年
反映了乡村中理智与自然的碰撞

哈耳庇厄
鹰身女子

《黑暗物质》
菲利普·普尔曼
1995年
包含一个有翼女性的种族

《最后的独角兽》
彼得·S. 毕格
1968年
书中人物席琳诺象征了哈耳庇厄

《冰与火之歌》
乔治·R. R. 马丁
1996年
奴隶主家族的纹章

布里阿柔斯
拥有100只手和50个头的三巨人之一

《地狱》
但丁
1308—1321年
存在于第9层地狱中的巨人

《堂·吉诃德》
米格尔·德·塞万提斯
1605年
主角将风车误认作布里阿柔斯

《失乐园》
约翰·弥尔顿
1667年
将其与堕落的泰坦巨人进行比较

曼提柯尔
人首、尖牙、狮子的身体和蝎子的尾巴

《蝎狮》
罗伯逊·戴维斯
1972年
潜意识具象表现为曼提柯尔的形象

《哈利·波特》
J. K. 罗琳
1997—2007年
海格拥有一只曼提柯尔

《水中荒漠》
马德琳·恩格尔
1986年
吞噬其他动物的生物

潘
半人半山羊

米诺陶
牛首人身

拉弥亚
美丽而邪恶的王后

安泰俄斯
大地女神盖亚与海神波塞冬的儿子

美杜莎
戈尔贡三姐妹之一，以毒蛇为头发的女性怪物

美杜莎

《神火之盗》
雷克·莱尔顿
2005年
主要反面人物

《双城记》
查尔斯·狄更斯
1859年
将法国贵族比作戈尔贡

《麦克白》
威廉·莎士比亚
1606年
三个女巫

安泰俄斯

《地狱》
但丁
1308—1321年
被描绘成半被冻结的巨人

《安泰俄斯》
（诗歌）
谢默斯·希尼
1975年
故事的重新叙述

《安泰俄斯》
（短篇故事）
博登·蒂尔
1962年
故事的重新叙述

《华氏451度》
雷·布莱伯利
1953年
用于隐喻过度纵容

拉弥亚

《拉弥亚》
约翰·济慈
1820年
讲述了赫尔墨斯发现拉弥亚被困在巨蛇身体内的传说

《奥萝拉·莉》
伊丽莎白·芭蕾特·布朗宁
1856年
死去的母亲以拉弥亚的形象出现

《元素之火与冰的故事》
A. S. 拜厄特
1998年
拉弥亚开始制造人类

《乌有乡》
尼尔·盖曼
1996年
拉弥亚是吸取温暖的怪物

米诺陶

《狮子、女巫和魔衣柜》
C. S. 路易斯
1950年
女王的追随者

《星点之屋》
豪尔赫·博尔赫斯
1947年
重新讲述了米诺陶的传说

《树叶之屋》
马克·Z. 丹尼尔勒斯基
2000年
围绕米诺陶和迷宫展开故事

《化身博士》
罗伯特·路易斯·史蒂文森
1886年
半人半兽的怪物

潘

《恩底弥翁》
约翰·济慈
1818年
潘的酒宴

《柳林风声》
肯尼斯·格雷厄姆
1908年
潘帮助了老鼠和鼹鼠

《伟大的潘神》
阿瑟·梅琴
1890年
象征着自然的力量

《农神潘的祝福》
邓萨尼勋爵
1927年
对潘的崇拜重新兴起

《吉特巴香水》
汤姆·罗宾斯
1984年
潘贯穿全文

（再次）走到世界的尽头

美苏冷战期间，反乌托邦小说的写作和阅读达到了前所未有的高潮，让我们看看20世纪以来有哪些这类作品吧！

- 《我们》叶夫根尼·扎米亚京（1921）
- 《美丽新世界》阿道斯·赫胥黎（1932）
- 《不会在这里发生》辛克莱·刘易斯（1935）
- 《沉寂的星球》C. S. 刘易斯（1938）
- 《中午的黑暗》亚瑟·库斯勒（1940）
- 《1984》乔治·奥威尔（1948）
- 《三尖树时代》约翰·温德姆（1951）
- 《华氏451度》雷·布莱伯利（1953）
- 《城市与群星》亚瑟·C.克拉克（1956）
- 《阿特拉斯耸耸肩》安·兰德（1957）
- 《发条橙》安东尼·伯吉斯（1962）
- 《逃离地下天堂》威廉·F.诺兰，乔治·克雷顿·约翰逊（1967）

20世纪20年代　20世纪30年代　20世纪40年代　20世纪50年代　20世纪60年代

《这完美的一天》艾拉·莱文（1970）

《摩天楼》J.G.巴拉德（1975）

《步行者里德利》罗素·霍本（1980）

《V字仇杀队》阿兰·摩尔、大卫·罗伊德（1988—1989）

《虚拟之光》威廉·吉布森（1993）

《愛和十字架》玛洛莉·布莱克曼（2001）

《羚羊与秧鸡》玛格丽特·阿特伍德（2003）

《盛》科马克·麦卡锡（2006）

《奶酪游戏》苏珊·柯林斯（2008）

《朋多》约翰·马巴（2010）

20世纪70年代

20世纪80年代

20世纪90年代

21世纪第1个10年

21世纪第2个10年

作品被翻译最多的作家

联合国教科文组织统计出1979—2012年全世界范围内作品被翻译次数最多的30名作家。这里展示了作家姓名等信息，还列出了其各种体裁作品的数量（短篇故事统计合集数）。

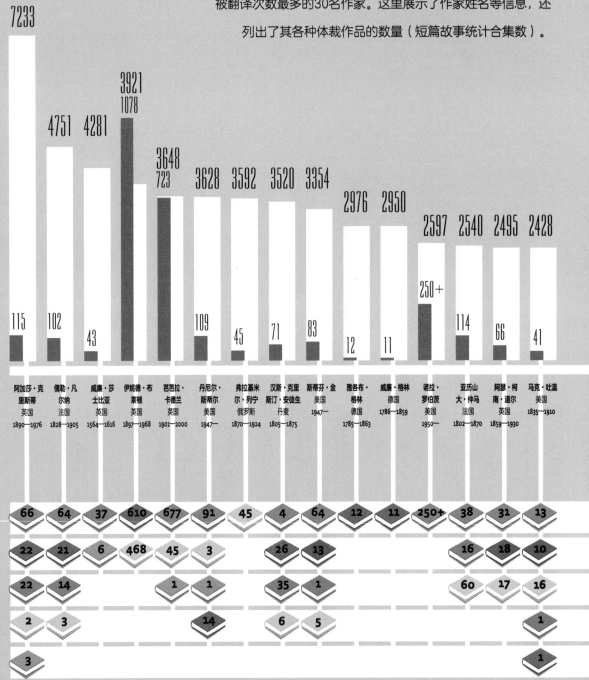

	阿加莎·克里斯蒂 英国 1890—1976	儒勒·凡尔纳 法国 1828—1905	威廉·莎士比亚 英国 1564—1616	伊妮德·布莱顿 英国 1897—1968	芭芭拉·卡德兰 英国 1901—2000	丹尼尔·斯蒂尔 美国 1947—	弗拉基米尔·列宁 俄罗斯 1870—1924	汉斯·克里斯汀·安徒生 丹麦 1805—1875	斯蒂芬·金 美国 1947—	雅各布·格林 德国 1785—1863	威廉·格林 德国 1786—1859	诺拉·罗伯茨 美国 1950—	亚历山大·仲马 法国 1802—1870	阿瑟·柯南·道尔 英国 1859—1930	马克·吐温 美国 1835—1910
总计	7233	4751	4281	3921 1078	3648 723	3628	3592	3520	3354	2976	2950	2597 250+	2540	2495	2428
	115	102	43			109	45	71	83	12	11		114	66	41
	66	64	37	610	677	91	45	4	64	12	11	250+	38	31	13
	22	21	6	468	45	3		26	13				16	18	10
	22	14			1	1		35	1				60	17	16
	2	3				14		6	5						1
	3														1

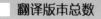

翻译版市总数

原作数量

小说　　童书

戏剧　　绘市

诗歌　　短篇小说

哲学　　纪实文学

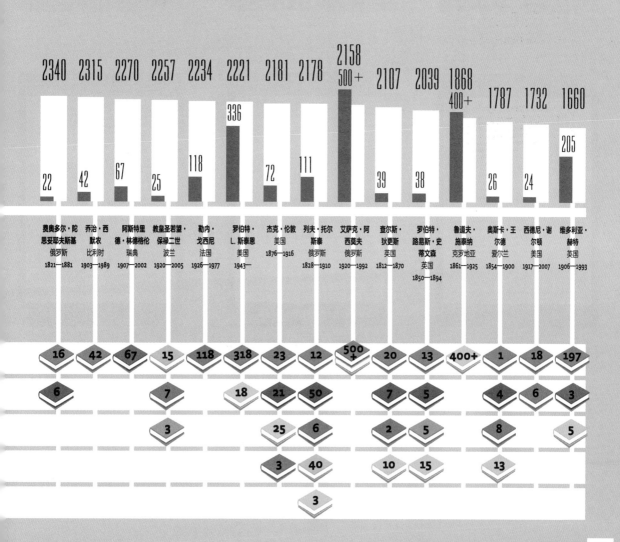

| 2340 | 2315 | 2270 | 2257 | 2234 | 2221 | 2181 | 2178 | 2158 500+ | 2107 | 2039 | 1868 400+ | 1787 | 1732 | 1660 |

| | | | | | 336 | | | | | | | | | 205 |
| 22 | 42 | 67 | 25 | 118 | | 72 | 111 | | 39 | 38 | | 26 | 24 | |

费奥多尔·陀思妥耶夫斯基 俄罗斯 1821—1881

乔治·西默农 比利时 1903—1989

阿斯特里德·林德格伦 瑞典 1907—2002

教皇圣若望·保禄二世 波兰 1920—2005

勒内·戈西尼 法国 1926—1977

罗伯特·L.斯泰恩 美国 1943—

杰克·伦敦 美国 1876—1916

列夫·托尔斯泰 俄罗斯 1828—1910

艾萨克·阿西莫夫 俄罗斯 1920—1992

查尔斯·狄更斯 英国 1812—1870

罗伯特·路易斯·史蒂文森 英国 1850—1894

鲁道夫·施泰纳 克罗地亚 1861—1925

奥斯卡·王尔德 爱尔兰 1854—1900

西德尼·谢尔顿 美国 1917—2007

维多利亚·赫特 英国 1906—1993

16	42	67	15	118	318	23	12	500+	20	13	400+	1	18	197
6			7	18	21	50		7	5		4	6	3
		3		25	6		2	5		8		5
				3	40		10	15		13
				3

《悲惨世界》

维克多·雨果

1862年

长度占作品的0.18%   823个单词

《所多玛和蛾摩拉》

《追忆逝水年华》第四卷
马塞尔·普鲁斯特

1913年

长度占作品的0.45%   944个单词

《押沙龙，押沙龙！》

威廉·福克纳

1936年

长度占作品的1.12%   1288个单词

《无赖俱乐部》

乔纳森·科伊

2001年

长度占作品的7.9%   13955个单词

《个人的时光》

艾德·帕克斯

2008年

长度占作品的18.8%   16000个单词

《中级舞蹈班》

博胡米尔·赫拉巴尔

1964年

长度占作品的100%   20000个单词

最长的句子

    首先深呼吸，然后开始朗读这些句子。目前一本书中最长的句子包含180000个法语单词，一句话就是一本书。19世纪，维克多·雨果开创了这种运用长句的写作方式。从此以后，不断有作者在自己的作品中不轻易点下句号。

资料来源：nytimes网站，gavroche网站，维基百科

《任务》

弗里德里希·迪伦马特

1986年

长度占作品的4.1%   1600个单词

《尤利西斯》

詹姆斯·乔伊斯

1922年

长度占作品的1.7%   4391个单词

《族长的秋天》

加夫列尔·加西
亚·马尔克斯

1975年

长度占作品的14.6%   13650个单词

《通往天国之门》

耶·安德热耶夫斯基

1960年

长度占作品的99.98% 40000个单词

《星之光》

莱尔德·亨特

2009年

长度占作品的100%   58000个单词

《地区》

马迪亚斯·埃纳尔

2008年

长度占作品的100%   180000个单词

—●— =长度占作品的百分比

——— =1000个单词

巴斯克维尔的威廉
夏洛克·福尔摩斯式的
侦探修士

梅勒克的阿德索
威廉的年轻助手
（类似华生医生）

图书馆/迷宫

威廉和阿德索利用毛线来确认进出房间的路线和寻找线索。

其中一个房间里充满了致幻气体。

图书馆中央的房间隐藏着有关玫瑰之名的秘密。

修道院内部人员

福萨诺瓦的阿博内－本笃会修道院的院长。与前任图书馆馆长、他的助手布尔戈斯的豪尔赫一道管理着修道院，是唯一知道图书馆秘密的人。

布尔戈斯的豪尔赫－修道院图书馆的前任馆长，年迈且双目失明，名字源于阿根廷作家豪尔赫·路易斯·博尔赫斯。

圣文德尔的塞韦里诺－为威廉提供帮助的药剂师。

希尔德斯海姆的马拉西亚－图书馆馆长。

阿伦德尔的贝伦加－图书馆馆长的助手。

奥特朗托的阿德尔摩－画师、学徒。第一位被杀死的受害者。

萨尔瓦梅克的韦南齐奥－翻译希腊语和阿拉伯语手稿的亚里士多德学派学者。

乌普萨拉的本诺－来自斯堪的纳维亚的修辞学学生。

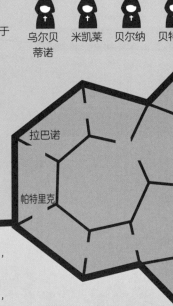

乌尔贝蒂诺　米凯莱　贝尔纳　贝特朗

拉巴诺

帕特里克

格罗塔费拉塔的阿利纳多－最年长的修士。所有人都认为他得了老年痴呆，但他在解开谜题的过程中发挥了重大作用。

沃拉吉纳的雷米乔－食品总管。姓名源于多明我会修士沃拉吉纳的雅各，（拉丁文《圣徒故事集》的作者）。

蒙费拉的萨尔瓦多雷－修士、雷米乔的助手。说话时掺杂使用拉丁语和一种粗俗下流的意大利语。

莫里蒙多的贝柯拉－玻璃匠。

亚历山德里亚的艾玛罗－意大利抄写员。喜欢传闲话和嘲讽别人。

赫里福德的瓦尔多、克朗麦克诺伊斯的帕特里克、托莱多的拉巴诺－抄写员。

外部人员

卡塞莱的乌尔贝蒂诺－被流放的方济各会修士，威廉的朋友。

切塞纳的米凯莱－方济各会信徒的领袖。

贝尔纳·古伊－多明我会的宗教审判官。

贝特朗·德尔·波格托－枢机主教、教廷大使的领袖。

修道院山下村庄的农村女子－阿德索与她在厨房发生了性关系。

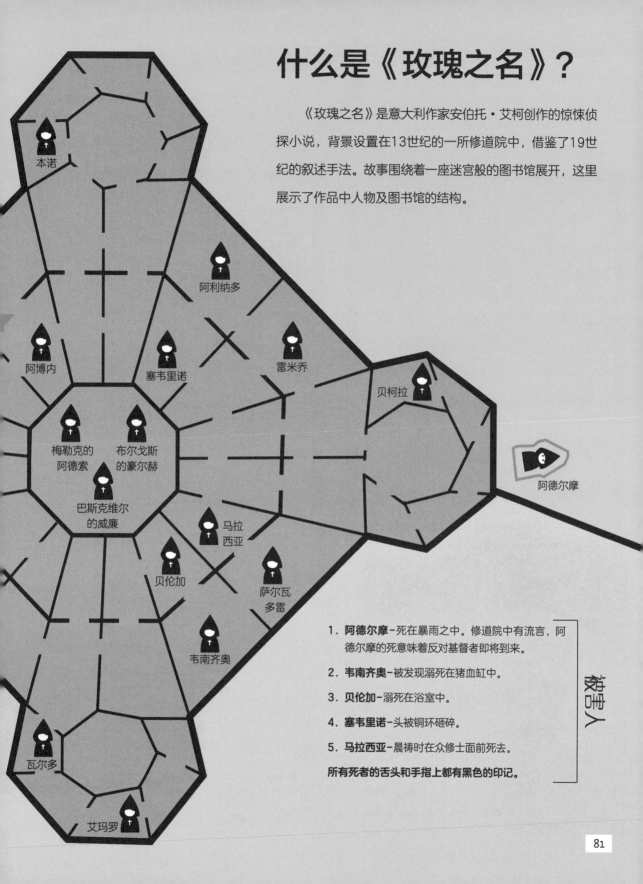

什么是《玫瑰之名》？

《玫瑰之名》是意大利作家安伯托·艾柯创作的惊悚侦探小说，背景设置在13世纪的一所修道院中，借鉴了19世纪的叙述手法。故事围绕着一座迷宫般的图书馆展开，这里展示了作品中人物及图书馆的结构。

本诺

阿利纳多

阿博内

塞韦里诺

雷米乔

贝柯拉

梅勒克的
阿德索

布尔戈斯
的豪尔赫

巴斯克维尔
的威廉

马拉
西亚

贝伦加

萨尔瓦
多雷

韦南齐奥

瓦尔多

艾玛罗

阿德尔摩

1. **阿德尔摩**-死在暴雨之中。修道院中有流言，阿德尔摩的死意味着反对基督者即将到来。

2. **韦南齐奥**-被发现溺死在猪血缸中。

3. **贝伦加**-溺死在浴室中。

4. **塞韦里诺**-头被铜环砸碎。

5. **马拉西亚**-晨祷时在众修士面前死去。

所有死者的舌头和手指上都有黑色的印记。

被害人

81

根据封面来判断一本书

比起亲自前往书店选购，网上购书已经成为越来越多人的选择，因此售书网站上手机大小的封面预览图必须在第一时间吸引读者的眼球。这也是各个体裁畅销书的封面设计越来越趋同的原因，而作者的名字也进一步得到突出，变得更加容易辨认。以下是8种畅销体裁图书封面的设计规则。

体裁

- 畅销大作
- 经典文学
- 历史小说
- 浪漫悬疑
- 情色文学
- 吸血鬼文学
- 女性文学
- 青少年恐怖文学

银色或金色标题，字体大于作者姓名，封面为血红色、紫色或午夜天空的蓝色，以男性或女性面孔作为封面，衣着轻薄。

色彩明亮轻柔，点缀上真实或手绘的花朵，封面要素还包括女性的腿、手、手臂，但不会展示面部。

深灰色或黑色封面,半裸的男性或一对情侣,不显示面部。

选择小说背景年代的某幅以女性为主角的画作的一个部分作为封面,标题为手写体。

符合问世年代风格的旧式设计。

作者的姓名以银色或金色字体展示,位于封面偏上2/3的区域,而标题位于偏下1/3的部分,封面背景为手绘的风景。

作者的姓名位于封面偏上2/3的区域,而标题位于偏下1/3的部分,封面背景为单色的模糊照片,照片内容很可能是远方的人物。

封面图片为穿着维多利亚时代或20世纪初服饰的年轻女子的单色照片或天使/墓碑的图片,封面字体为"颤抖"的手写体。

莎士比亚笔下的死亡

威廉·莎士比亚创作的悲剧的一大特点在于剧中人物的死亡（尽管大部分都发生在幕后），在他的历史剧和“问题剧”中，同样会有一些人物不得不面对自己悲惨的命运。这里我们统计了几部戏剧中的死亡人数。

《泰特斯·安德洛尼克斯》

阿拉勃斯的手臂和腿被砍掉，然后被扔进火中

契伦和狄米特律斯被刺死，然后被做成了肉饼，由泰特斯送给塔摩拉吃

塔摩拉被泰特斯·安德洛尼克斯刺死

拉维妮娅的双手被砍掉，舌头被割去，然后被刺死

乳媪被刺死

缪歇斯被刺死

巴西安纳斯被刺死

马歇斯和昆塔斯被斩首

小丑被绞死

萨特尼纳斯被刺死

泰特斯被刺死

艾伦被活埋，只露出头部，然后被活活饿死

《科利奥兰纳斯》

科利奥兰纳斯被大卸八块

《雅典的泰门》

泰门死在荒野之中

《冬天的故事》

安蒂冈努斯被熊吃掉

马米留斯由于过度悲伤死去

《罗密欧与朱丽叶》

茂丘西奥被刺死

提伯尔被刺死

帕里斯被刺死

罗密欧服毒而死

朱丽叶自戕

蒙太古夫人死于悲伤过度

资料来源：Shakespearenet网站，shakespeareonline网站，library.thinkquest网站，维基百科

《哈姆雷特》

哈姆雷特的　哈姆雷特被　克劳狄斯被　雷欧提斯被　波洛涅斯　乔特鲁德　罗生克兰和　奥菲利娅
父亲被毒死　刺和下毒　　刺和下毒　　刺和下毒　　隔着窗帘　　被毒死　　盖登思邓被　溺死
　　　　　　　　　　　　　　　　　　　　　　　被刺死　　　　　　　斩首

《奥赛罗》

伊米丽娅被　　罗德里乔被　　黛丝德蒙娜被　奥赛罗自戕　　勃拉班修死于
刺死　　　　　刺死　　　　　奥赛罗扼死　　　　　　　　　悲伤过度

《麦克白》

邓肯被刺死　　邓肯的卫兵被　班柯被刺死　　麦克特夫一家　年轻的西沃德　麦克白被斩首　麦克白夫人
　　　　　　　刺死　　　　　　　　　　　　被刺死　　　　被刺死　　　　　　　　　　　　自杀

《安东尼与克莉奥佩
特拉》

爱诺巴勃斯羞　厄洛斯自戕　　安东尼自戕　　查米恩服毒　　伊拉丝伤心　　克莉奥佩特拉
愧而死　　　　　　　　　　　　　　　　　自尽　　　　　而死　　　　　死于毒蛇咬伤

《裘力斯·凯撒》

裘力斯·凯撒　勃鲁托斯自戕　凯歇斯自戕　　诗人西那被暴　鲍西娅吞下了
被刺死　　　　　　　　　　　　　　　　　民撕碎　　　　火热的煤块

《李尔王》

傻子消　　葛罗斯特被　康华尔被　　奥斯华德　　高纳里尔刺　爱德蒙被　　考狄利娅　　刽子手被　李尔伤心
失了　　　挖去双目，　刺死　　　　被刺死　　　死自己并毒　刺死　　　　被绞死　　　李尔刺死　而死
　　　　　后受惊而死　　　　　　　　　　　　杀了妹妹
　　　　　　　　　　　　　　　　　　　　　里根

从石板到平板电脑

从在墙上写写画画到在空气中比画手势，人类在过去的5000年中，在写作方式和载体上取得了长足的进步。

约公元前39000年
现西班牙境内艾尔卡斯蒂略山洞中出现了壁画。

约公元前3500年
苏美尔人用楔形刻笔在黏土板上刻下符号。

公元前2400年
古埃及开始使用纸莎草卷轴。

1860年
比德尔的廉价小说开始在美国销售，用纸粗劣，售价仅为10美分。

1832年
开始用有图案的纸作为图书封面。

1934年
艾伦·莱恩学习了美国平装书的形制，并在英国开办了企鹅出版社。

1971年
迈克尔·哈特启动了"古腾堡计划"，致力于建立世界上第一个在线信息平台，使大众可以通过这一平台获取文学作品。

1985年
第一本载体为CD-ROM的书籍《美国百科全书》问世。

公元前200年

蜡版刻印成为古希腊和罗马人制作成册书籍的方式。

公元400—600年

欧洲和中东开始出现誊写在牛、绵羊、山羊等动物皮革制成的皮纸上的手绘或手写书籍。

公元105年

中国的蔡伦将树皮、麻、破布和使用过的渔网混合在一起进行加工，发明了纸。

1041年

中国人毕昇发明了活字印刷术。

1774年

氯元素被发现，后被用来漂白纸张。

1501年

阿尔多·马努齐奥设计并制作了第一本八开本书籍。

1440年

约翰·古腾堡完成了第一次活字印刷，并在1455年印制了《古腾堡圣经》（《四十二行圣经》）。

1991年

HTML代码诞生，互联网进入商业应用时代。

1995年

杰夫·贝佐斯的亚马逊正式上线，开始在网上销售书籍。

1996年

XML可扩展标记语言问世，简化了书籍的生产流程。

2011—2012年

EPUB3和HTML5使更多多媒体元素整合到电子书中成为可能。

2010年

苹果公司发布了第一台iPad（以及iBooks应用和iBooks商店）。

2007年

亚马逊发布第一台Kindle阅读器，它采用EPUB格式。

2001—2006年

电子书开始进入商业市场。

猜猜是哪位蓄须的作家

从16世纪到今天，许多作家都选择将自己的胡须修剪为有趣的造型。你能通过下面这些作家胡须的样式猜出他们都是谁吗？（提示：乔治·艾略特不在其中）

国籍

创作关键作品的年代

挪威

1880—1890

英国

1894—1904

法国

1910—1920

美国

1925—1935

德国

1955—1965

特立尼达

1960—1970

加拿大

1970—1980

挪威

2000—2010

两族之争：《摩诃婆罗多》

印度古代史诗《摩诃婆罗多》描述了两大家族为争夺至高的权力和对世界的统治展开的无休止的战争。两大家族中的所有成员要么天赋异禀，要么通过后天的奇遇获得了超能力。

般度

般度族的父亲，出生时脸色苍白，为了与妻子交合不惜选择死亡，最终由其后代建立一个王朝。

般度族

正义的一方（胜利者，拥有众神的支持）

黑天

毗湿奴神的化身，为人聪慧睿智，不但是战术大师，还是般度族的顾问和守护者。将如何杀死敌人的宝贵信息教授给般度族，从而确保他们获得胜利。

贡蒂

般度的妻子，先后为太阳神、风神、正法神和天神生下儿子，并独自将五个英雄儿子抚养成人。

坚战

正法神之子、王位的合法继承人、世界之王。不论罪恶还是虚伪，都无法玷污他。

怖军

风神之子，拥有千象之力。杀死了俱卢族的100位兄弟，食量巨大。

黑公主

般度五子之妻，拥有无上美貌的女王，受黑天的保护，非常贞洁和聪慧，极富同情心。

阿周那

天神因陀罗之子。主要人物、所向无敌的射手、无与伦比的战士，在水中无法被击败。拥有天赐神兵，为替自己的儿子报仇，独力杀死了20万名敌方的战士。

无种和偕天

日出和日落孪生双神的儿子，极为英俊。无种是杰出的驯马师、剑士和阿育吠陀传统医学的大师。偕天是伟大的占星家，能够预知未来，但一旦泄露天机，就会受到死亡的诅咒。

毗湿摩

持国和般度的伯父、伟人。恒河女神的儿子。受誓言所困效力于俱卢族。能够自由选择自己死亡的时间。精擅政治，尽力削减战争造成的损失。

持国

双目失明的王，生下了100个儿子。野心勃勃，憎恨自己兄长的儿子。曾经击毁一座铁质塑像。

沙恭尼

持国的妻兄，但憎恶持国，因此阴谋摧毁后者的国家。拥有魔法骰子。无情的阴谋大师，不知荣誉为何物。

पाण्डव

俱卢族

反派人物（没有神明的支持）

甘陀利

持国的妻子，由于丈夫目盲，选择蒙上眼睛生活。生下肉团，在毗耶娑（广博仙人）神力下分为100个儿子。

难敌

持国的长子，憎恨般度族。同时享有世界之王的继承权，了不起的军事大师，拥有坚不可摧的钻石般的身体（除了大腿）。象征着不公、欺骗和欲望。

迦尔纳

太阳神之子、贡蒂与般度婚前所生的长子。是难敌的左膀右臂，还是才华横溢的射手，持有天赐奇兵，曾经由于出身低微而郁郁不得志。

难降

持国的次子。遵从兄长难敌的命令。曾经试图脱去黑公主的衣服，被怖军撕碎，怖军喝他的血的同时，黑公主用血沐洗自己的头发。

德罗纳

箭术大师、阿周那的老师。由于职责所在，不得不与般度族作战。战无不胜的战士，杀死了无数般度族人。因接到自己儿子死亡的虚假消息而自杀身亡。

夫妻	
父（母）子	
亲戚	
守护者/老师	

6.77亿美元

《阿甘正传》（1994）

温斯顿·格鲁姆（1986）

4.41亿美元

《驱魔人》（1973）

威廉·皮特·布拉蒂（1971）

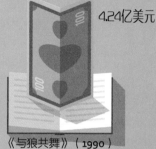
4.24亿美元

《与狼共舞》（1990）

迈克尔·布莱克（1988）

2.63亿美元

《勇敢者的游戏》（1995）

克里斯·范·奥斯伯格（1981）

1.82亿美元

《恐怖角》（1991）

《刽子手》约翰·D. 麦克唐
纳德（1957）

1.25亿美元

《第一滴血》（1982）

戴维·默莱尔（1972）

1.11亿美元

《铁窗喋血》（1967）

唐·皮尔斯（1965）

6600万美元

《疤面煞星》（1983）

阿米蒂奇·特莱尔（1929）

6000万美元

《惊魂记》（1960）

罗伯特·布洛克（1959）

4800万美元

《青涩年代》（2002）

尼古拉斯·斯帕克斯（1999）

4500万美元

《发条橙》（1972）

安东尼·伯吉斯（1962）

3800万美元

《飞天巨桃历险记》（1996）

《詹姆斯与大仙桃》罗尔德·
达尔（1961）

3100万美元

《桂河大桥》（1957）

皮埃尔·布尔（1952）

1400万美元

《迷魂记》（1958）

皮埃尔·布瓦洛和皮埃尔·
埃罗（1954）

1400万美元

《捉贼记》（1955）

戴维·F. 道奇（1952）

成功的改编

92

文学作品的改编

票房收入

电影名称（上映年份）
原作标题［如与电影不同］
作者（原作问世年份）

有时只要把一部小说改编成电影，它就能成为畅销作品。于是聪明的作家会为自己的小说撰写剧本——当然并不是所有人都会这样做——然后一并发表出来。并不是所有对小说的改编都能获得成功，许多由热门文学作品改编的电影最终被证明是失败的。

失败的改编

1.7万美元

《我弥留之际》（2013）
威廉·福克纳（1930）

100万美元

《堂·吉诃德》（1992）
米格尔·德·塞万提斯
（1605—1615）

300万美元

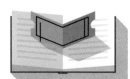

《达洛维夫人》（1997）
弗吉尼亚·伍尔芙（1925）

400万美元

《特里斯特拉姆·项狄：
一个荒诞的故事》（2006）
《项狄传》劳伦斯·斯特
恩（1759）

12万美元

《审判》（1962）
弗兰兹·卡夫卡（1925）

200万美元

《撞车》（1996）
J. G. 巴拉德（1973）

300万美元

《危险关系》（1959）
皮埃尔·肖代洛·德·拉克洛（1782）

400万美元

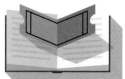

《赤裸的午餐》（1991）
威廉·S. 巴勒斯（1959）

22.3万美元

《斯万的爱情》（1984）
《追忆逝水年华》马塞尔·
普鲁斯特（1913）

230万美元

《尤利西斯》（1967）
詹姆斯·乔伊斯（1922）

400万美元

《米拉·布来金里治》（1970）
戈尔·维达尔（1969）

500万美元

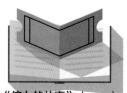

《使女的故事》（1990）
玛格丽特·阿特伍德（1985）

资料来源：维基百科，boxofficemojo网站

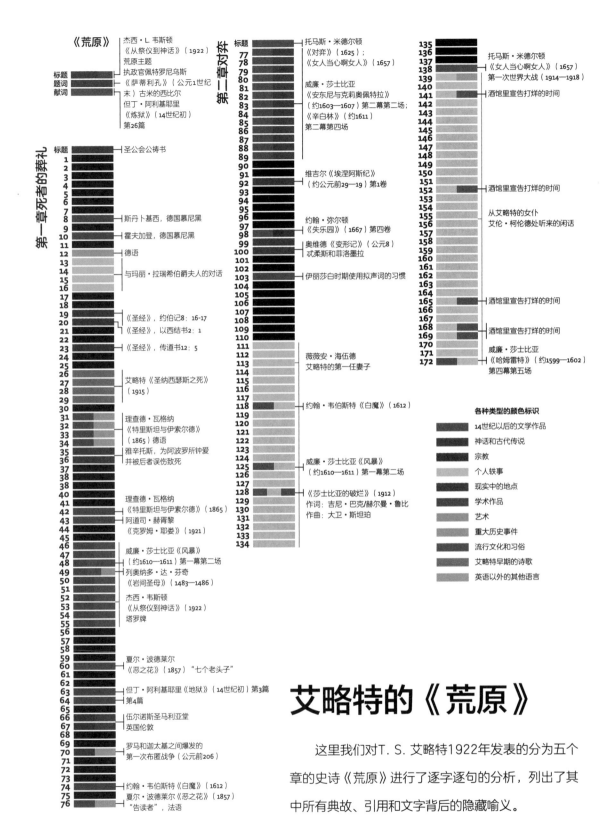

艾略特的《荒原》

这里我们对 T. S. 艾略特1922年发表的分为五个章的史诗《荒原》进行了逐字逐句的分析，列出了其中所有典故、引用和文字背后的隐藏喻义。

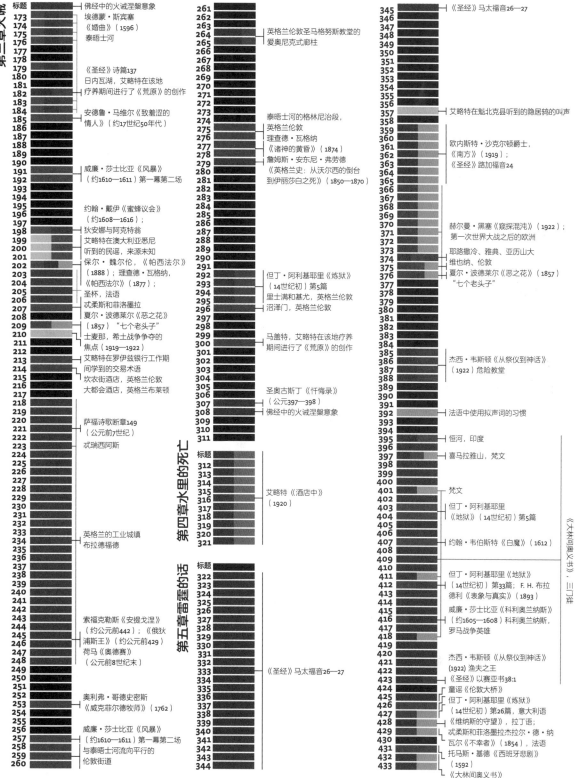

第三章 火诫 标题

行号	注释
173	佛经中的火诫涅槃意象
174	埃德蒙·斯宾塞
175	《婚曲》（1596）
176	泰晤士河
179	《圣经》诗篇137
180	日内瓦湖，艾略特在该地
181	疗养期间进行了《荒原》的创作
184	安德鲁·马维尔《致着涩的
185	情人》（约17世纪50年代）
191	威廉·莎士比亚《风暴》
192	（约1610—1611）第一幕第二场
195	约翰·戴伊《蜜蜂议会》
196	（约1608—1616）；
198	狄安娜与阿克特翁
199	艾略特在澳大利亚悉尼
200	听到的民谣，来源未知
201	保尔·魏尔伦，《帕西法尔》
202	（1888）；理查德·瓦格纳
203	《帕西法尔》（1877）；
204	圣杯，法语
205	忒柔斯和菲洛墨拉
206	夏尔·波德莱尔《恶之花》
208	（1857）"七个老头子"
209	士麦那，希土战争夺的
210	焦点（1919—1922）
211	艾略特在罗伊兹银行工作期
212	间学到的交易术语
213	坎农街酒店，英格兰伦敦
214	大都会酒店，英格兰布莱顿
220	萨福诗歌断章149
221	（公元前7世纪）
223	忒瑞西阿斯
233	英格兰的工业城镇
234	布拉德福德
243	索福克勒斯《安提戈涅》
244	（约公元前442）；《俄狄
245	浦斯王》（约公元前429）
246	荷马《奥德赛》
247	（公元前8世纪末）
252	奥利弗·哥德史密斯
253	《威克菲尔德的牧师》（1762）
256	威廉·莎士比亚《风暴》
257	（约1610—1611）第一幕第二场
258	与泰晤士河流向平行的
260	伦敦街道

行号	注释
263	英格兰伦敦圣马格努斯教堂的
264	爱奥尼克式廊柱
273	泰晤士河的格林尼治河段，
274	英格兰伦敦
275	理查德·瓦格纳
276	《诸神的黄昏》（1874）
277	詹姆斯·安东尼·弗劳德
278	《英格兰史：从沃尔西的倒台
279	到伊丽莎白之死》（1850—1870）
292	但丁·阿利基耶里《炼狱》
293	（14世纪初）第5篇
294	里士满和基尤，英格兰伦敦
295	沼泽门，英格兰伦敦
299	马盖特，艾略特在该地疗养
300	期间进行了《荒原》的创作
306	圣奥古斯丁《忏悔录》
307	（公元397—398）
308	佛经中的火诫涅槃意象

第四章 水里的死亡 标题

行号	注释
315	艾略特《酒店中》
316	（1920）

第五章 雷霆的话 标题

行号	注释
333	《圣经》马太福音26—27

行号	注释
345	《圣经》马太福音26—27
357	艾略特在魁北克县听到的隐居鸫的叫声
360	欧内斯特·沙克尔顿爵士，
361	《南方》（1919）；
362	《圣经》路加福音24
370	赫尔曼·黑塞《窥探混沌》（1922）；
371	第一次世界大战之后的欧洲
373	耶路撒冷、雅典、亚历山大
374	维也纳、伦敦
375	夏尔·波德莱尔《恶之花》（1857）
376	"七个老头子"
385	杰西·韦斯顿《从祭仪到神话》
386	（1922）危险教堂
392	法语中使用拟声词的习惯
395	恒河，印度
397	喜马拉雅山，梵文
401	梵文
403	但丁·阿利基耶里
404	《地狱》（14世纪初）第5篇
407	约翰·韦伯斯特《白魔》（1612）
411	但丁·阿利基耶里《地狱》
412	（14世纪初）第33篇；F. H. 布拉
413	德利《表象与真实》（1893）
415	威廉·莎士比亚《科利奥纳斯》
416	（约1605—1608）科利奥兰纳斯，
417	罗马战争英雄
420	杰西·韦斯顿《从祭仪到神话》
421	(1922) 渔夫之王
423	《圣经》以赛亚书38:1
424	童谣《伦敦大桥》
425	但丁·阿利基耶里《炼狱》
426	（14世纪初）第26篇，意大利语
427	《维纳斯的守望》，拉丁语
428	忒柔斯和菲洛墨拉杰拉·德·纳
429	瓦尔《不幸者》（1854），法语
430	托马斯·基德《西班牙悲剧》
432	（1592）
433	《大林间奥义书》

《大林间奥义书》，三门徒

摇匀、搅拌和烂醉

许多（詹姆斯·邦德的扮演者）肖恩·康纳利的拙劣模仿者都曾经对着一杯伏特加马提尼鸡尾酒，试图重复那句"邦德"的经典台词："摇匀，但不要搅拌。"但女王陛下最优秀的特工对杯中物的热爱不但可能导致不举，还有可能会让他送命。

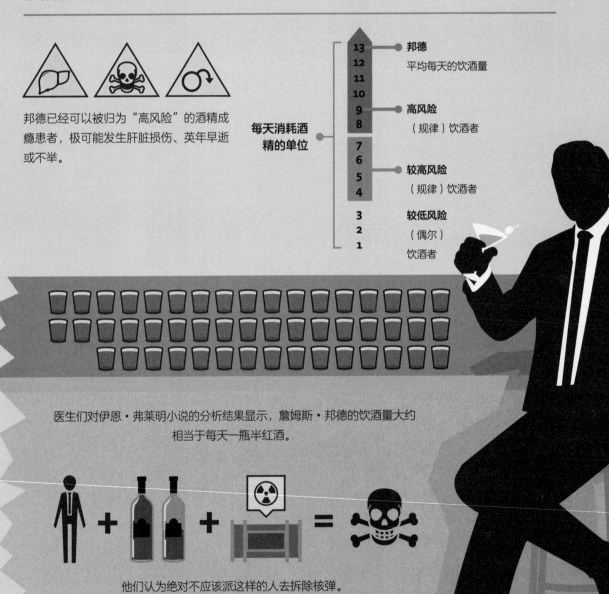

邦德已经可以被归为"高风险"的酒精成瘾患者，极可能发生肝脏损伤、英年早逝或不举。

每天消耗酒精的单位

13
12
11
10
9
8

邦德
平均每天的饮酒量

高风险
（规律）饮酒者

7
6
5
4

较高风险
（规律）饮酒者

3
2
1

较低风险
（偶尔）饮酒者

医生们对伊恩·弗莱明小说的分析结果显示，詹姆斯·邦德的饮酒量大约相当于每天一瓶半红酒。

他们认为绝对不应该派这样的人去拆除核弹。

《皇家赌场》 《你死我活》 《太空城》 《金刚钻》 《来自俄国的爱情》 《诺博士》 《金手指》

1953 1954 1955 1956 1957 1958 1959

德比和诺丁汉的医生们在自己的业余时间里仔细研读了14本007小说，并将詹姆斯·邦德每天的饮酒量记录在册。

《最高机密》 《霹雳弹》 《海底城》 《女王密使》 《雷霆谷》 《金枪人》 《八爪女和黎明生机》

1960 1961 1962 1963 1964 1965 1966

14部小说中摄入的酒精饮料总量

88天内	1周	1天	36天
1150 单位酒精	**92** 单位酒精	**5杯** 伏特加马提尼	**清醒状态** 身处医院、监狱或修养中心

=10单位酒精

邦德一个人的饮酒量等于英国男子建议饮酒量上限的4倍。

资料来源：《英国医学期刊》研究，《詹姆斯·邦德摇匀饮料是否因为过度摄入酒精引起的震颤？》，2014

用数字解析《白鲸》

曾经在商船上担任过水手的赫尔曼·梅尔维尔转行成为作家后，在1851年创作了不朽名作《白鲸》（《莫比迪克》）。1891年，72岁的他去世时，这本书已经绝版，而在《纽约时报》上，他的讣告标题中还出现了拼写错误。然而，今天《白鲸》已经被看作美国小说的代表作品，其篇幅甚至可以媲美书中所描写的巨大白鲸。

鲸鱼的大小

伊什梅尔对最大的抹香鲸大小的估计：26~27米长，胸围12米，重达90吨，有20根长1.8~2.4米的肋骨。

21世纪的成年抹香鲸长度约15~18米，重量35~45吨。

莫比·迪克故事的灵感源于1820年一条鲸鱼撞沉了27米长的捕鲸船埃塞克斯号，幸存者声称鲸鱼长度达到26米。

抹香鲸肉和鲸油在1850年的平均价格：每头鲸价值300美元

龙涎香的价格：1盎司（约30毫升）价值1枚几尼金币①

小说本身

单词总数：209117
章节总数：135
最短的章节：第122章（午夜——船首楼舷墙），36个单词
最长的章节：第54章（"动啃号"的故事），7938个单词
出海之前的章节数：21
亚哈出场前的章节数：27
在目击到莫比·迪克之前的章节数：132

① 几尼是一种古代金币，一磅黄金能够铸造44几尼的金币。

故事情节

故事的叙述者和远航唯一的幸存者——伊什梅尔
出海航行的捕鲸船——裴廓德号
裴廓德号的船长——亚哈（58岁）

⚓⚓⚓　根据《圣经》中人物得名的角色（《创世纪》中的以实玛利，《列王纪》中的亚哈和以利亚）

⚓⚓⚓⚓⚓⚓⚓⚓⚓⚓⚓⚓⚓⚓⚓
⚓⚓⚓⚓⚓⚓⚓⚓⚓⚓⚓⚓⚓⚓　裴廓德号上船员的数量

⚓⚓⚓⚓⚓⚓⚓⚓⚓　船员的国籍数

⚓⚓⚓⚓⚓⚓⚓

⚓⚓⚓⚓⚓⚓⚓　远航途中遇到其他捕鲸船的数量

⚓⚓⚓　其他目击莫比·迪克的捕鲸船数量

⚓⚓⚓　裴廓德号上捕鲸叉投掷手的数量

⚓　裴廓德号上美国籍捕鲸叉投掷手（塔斯提戈）的数量

⚓⚓⚓⚓　裴廓德号在遇到莫比·迪克之前杀死的鲸鱼数量

⚓　以书中人物姓名（星巴克）命名的跨国连锁咖啡店品牌数量

🐋🐋🐋🐋🐋🐋　在这趟捕鲸之旅中莫比·迪克杀死的其他捕鲸船上的船员数量

🐋🐋🐋🐋🐋🐋🐋🐋🐋🐋🐋🐋🐋🐋🐋　莫比·迪克杀死的裴廓德号船员的数量

🐋🐋🐋🐋🐋🐋🐋🐋🐋🐋🐋🐋🐋🐋🐋

🐋　莫比·迪克在捕鲸之旅中杀死的捕鲸船船长的数量

🐋🐋　莫比·迪克吞噬的肢体数量

🐋🐋　用鲸骨制作的假肢数量

🐋　用鲸鱼生殖器制作的服饰数量

创意如何变成书籍

为了揭开出版行业的神秘面纱，这里我们展示了五类人实现书籍出版的路径。不管是新手作家、畅销书作家、名人、知名网站所有者还是出版商，这里都列出了从开始到结束的全过程。

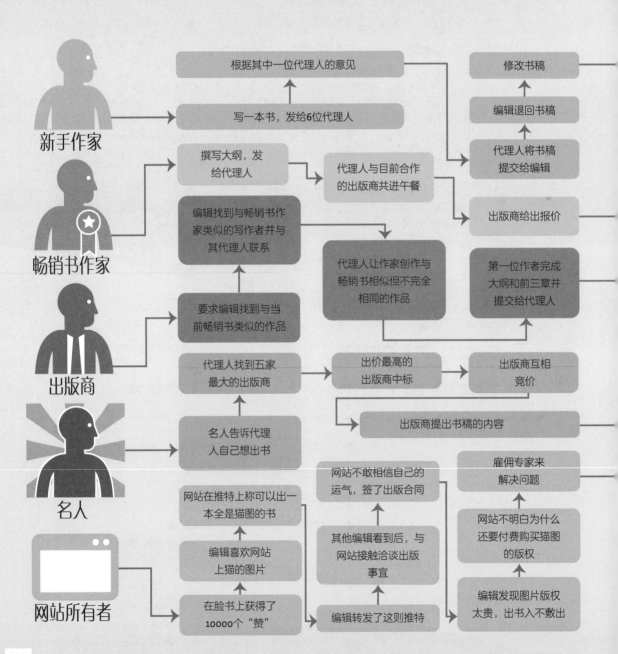

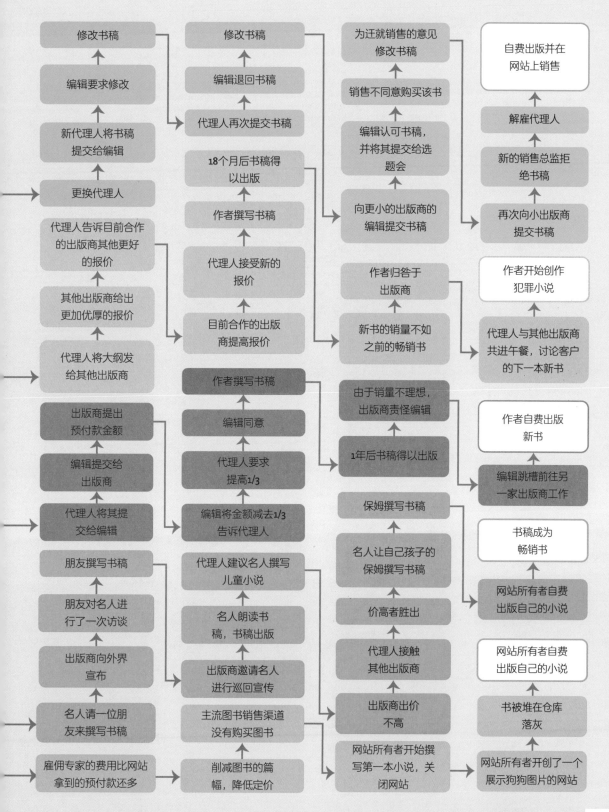

修改书稿 → 修改书稿 → 为迁就销售的意见修改书稿 → 自费出版并在网站上销售

编辑要求修改

新代理人将书稿提交给编辑

更换代理人

代理人告诉目前合作的出版商其他更好的报价

其他出版商给出更加优厚的报价

代理人将大纲发给其他出版商

出版商提出预付款金额

编辑提交给出版商

代理人将其提交给编辑

朋友撰写书稿

朋友对名人进行了一次访谈

出版商向外界宣布

名人请一位朋友来撰写书稿

雇佣专家的费用比网站拿到的预付款还多

编辑退回书稿

代理人再次提交书稿

18个月后书稿得以出版

作者撰写书稿

代理人接受新的报价

目前合作的出版商提高报价

作者撰写书稿

编辑同意

代理人要求提高1/3

编辑将金额减去1/3告诉代理人

代理人建议名人撰写儿童小说

名人朗读书稿,书稿出版

出版商邀请名人进行巡回宣传

主流图书销售渠道没有购买图书

削减图书的篇幅,降低定价

销售不同意购买该书

编辑认可书稿,并将其提交给选题会

向更小的出版商的编辑提交书稿

作者归咎于出版商

新书的销量不如之前的畅销书

由于销量不理想,出版商责怪编辑

1年后书稿得以出版

保姆撰写书稿

名人让自己孩子的保姆撰写书稿

价高者胜出

代理人接触其他出版商

出版商出价不高

网站所有者开始撰写第一本小说,关闭网站

解雇代理人

新的销售总监拒绝书稿

再次向小出版商提交书稿

作者开始创作犯罪小说

代理人与其他出版商共进午餐,讨论客户的下一本新书

作者自费出版新书

编辑跳槽前往另一家出版商工作

书稿成为畅销书

网站所有者自费出版自己的小说

网站所有者自费出版自己的小说

书被堆在仓库落灰

网站所有者开创了一个展示狗狗图片的网站

城市的故事

作者在选择笔下故事的背景城市时，他们的选择可能直接决定了故事的走向。有些城市承载了各种各样的故事，所以被赋予特殊的意义。下面这6座城市是某些特定类型故事的代名词。

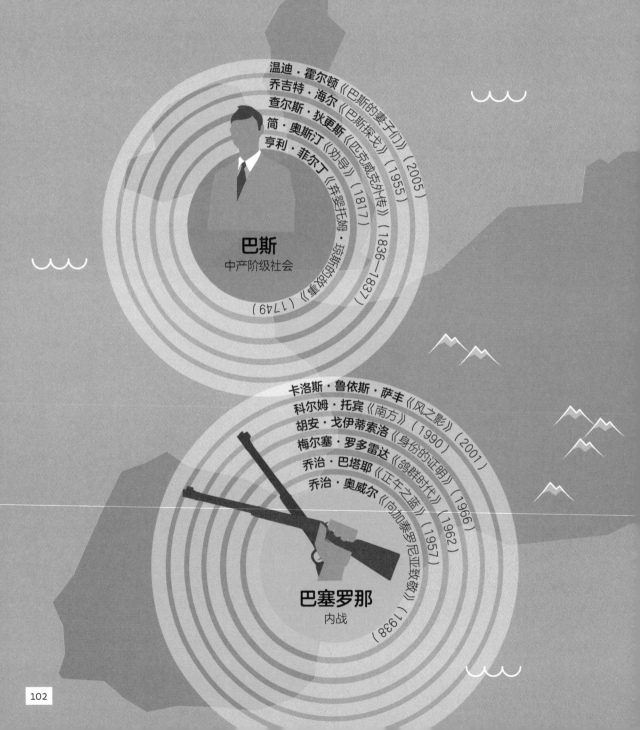

温迪·霍尔顿《巴斯的妻子们》（2005）
乔吉特·海尔《巴斯探长》（1955）
查尔斯·狄更斯《匹克威克外传》（1836—1837）
简·奥斯汀《劝导》（1817）
亨利·菲尔丁《弃婴托姆·琼斯的故事》（1749）

巴斯
中产阶级社会

卡洛斯·鲁依斯·萨丰《风之影》（2001）
科尔姆·托宾《南方》（1990）
胡安·戈伊蒂索洛《身份的证明》（1966）
梅尔塞·罗多雷达《鸽群时代》（1962）
乔治·巴塔耶《正午之蓝》（1957）
乔治·奥威尔《向加泰罗尼亚致敬》（1938）

巴塞罗那
内战

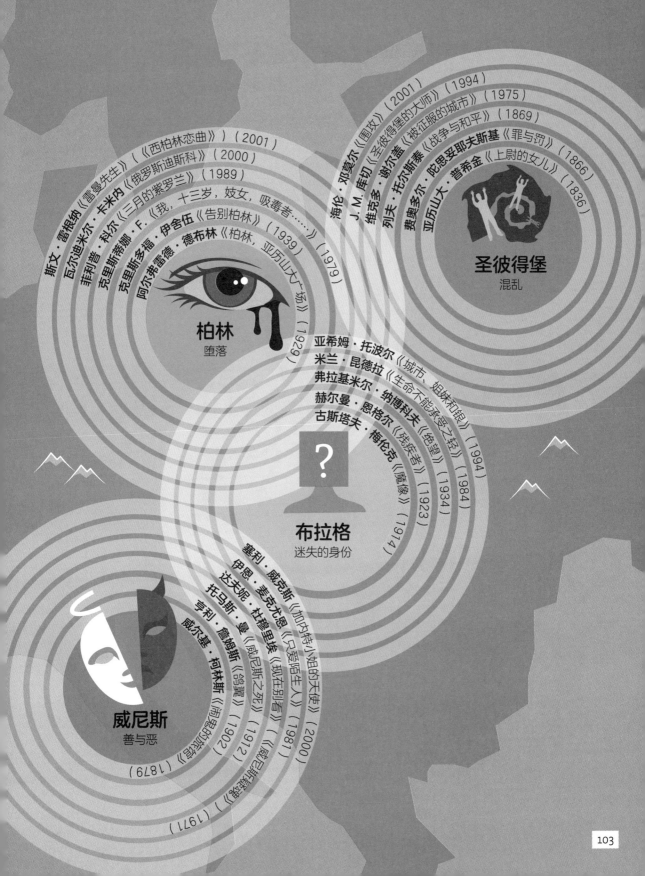

柏林
堕落

斯文・雷根纳《《雷曼先生》（《西柏林恋曲》）（2001）
瓦尔迪米尔・卡米内《俄罗斯迪斯科》（2000）
菲利普・科尔《三月的紫罗兰》（1989）
克里斯蒂娜・F.《我，十三岁，妓女，吸毒者……》（1979）
克里斯多福・伊舍伍《告别柏林》（1939）
阿尔弗雷德・德布林《柏林，亚历山大广场》（1929）

圣彼得堡
混乱

海伦・邓莫尔《围攻》（2001）
J.M.库切《圣彼得堡的大师》（1994）
维克多・谢尔盖《被征服的城市》（1975）
列夫・托尔斯泰《战争与和平》（1869）
费奥多尔・陀思妥耶夫斯基《罪与罚》（1866）
亚历山大・普希金《上尉的女儿》（1836）

亚希姆・托波尔《城市、姐妹和银》（1994）
米兰・昆德拉《生命不能承受之轻》（1984）
弗拉基米尔・纳博科夫《绝望》（1934）
赫尔曼・恩格尔《残疾者》（1923）
古斯塔夫・梅伦克《魔像》（1914）

?

布拉格
迷失的身份

威尼斯
善与恶

墨利・威克思《加内特小姐的天使》（2000）
伊恩・麦克尤恩《只爱陌生人》（1981）
达夫妮・杜穆里埃《现在别看》（《威尼斯之秋》）（1971）
托马斯・曼《威尼斯之死》（1912）
亨利・詹姆斯《鸽翼》（1902）
威尔基・柯林斯《尚弗的所落》（1879）

文学家的发型

通过发型猜猜是哪位女作家。

英国

1800—1815

英国

1818—1830

英国

1915—1940

英国

1840—1850

法国

1900—1945

丹麦

1926—1956

法国

1830—1860

国籍

创作的
巅峰时期
（年）

法国

美国

英国

1940—1970

1970—1980

美国

美国

1950—1990

1992—2013

德国-罗马尼亚

1980—2000

英国

英国

1997—2007

1980—2000

2011—2013

文学作品中的犬类

　　狗不但可以作为打猎时的助手、保持体温和能量的保障，还可以使主人免受攻击。难怪包含犬类的故事可以被追溯到古希腊时代以前。下面的坐标系通过4种特征证明了犬类在文学作品中的价值。

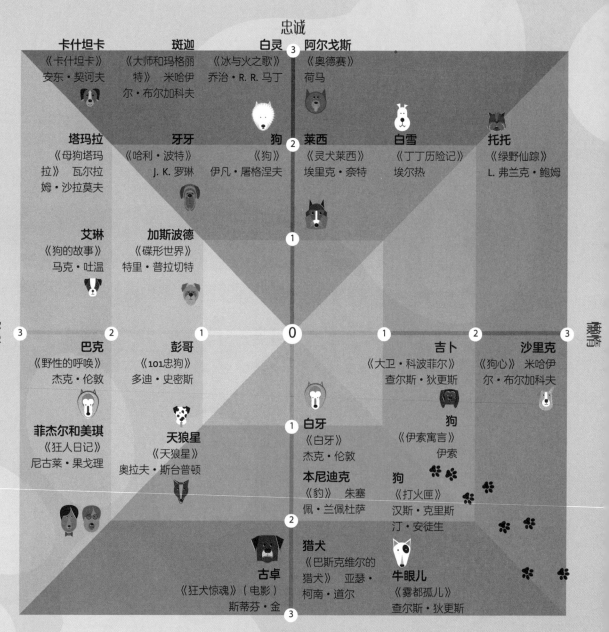

忠诚

卡什坦卡
《卡什坦卡》
安东·契诃夫

斑迦
《大师和玛格丽特》 米哈伊尔·布尔加科夫

白灵
《冰与火之歌》
乔治·R. R. 马丁

阿尔戈斯
《奥德赛》
荷马

塔玛拉
《母狗塔玛拉》 瓦尔拉姆·沙拉莫夫

牙牙
《哈利·波特》
J. K. 罗琳

狗
《狗》
伊凡·屠格涅夫

莱西
《灵犬莱西》
埃里克·奈特

白雪
《丁丁历险记》
埃尔热

托托
《绿野仙踪》
L. 弗兰克·鲍姆

艾琳
《狗的故事》
马克·吐温

加斯波德
《碟形世界》
特里·普拉切特

巴克
《野性的呼唤》
杰克·伦敦

彭哥
《101忠狗》
多迪·史密斯

吉卜
《大卫·科波菲尔》
查尔斯·狄更斯

沙里克
《狗心》 米哈伊尔·布尔加科夫

菲杰尔和美琪
《狂人日记》
尼古莱·果戈理

天狼星
《天狼星》
奥拉夫·斯台普顿

白牙
《白牙》
杰克·伦敦

狗
《伊索寓言》
伊索

本尼迪克
《豹》 朱塞佩·兰佩杜萨

狗
《打火匣》
汉斯·克里斯汀·安徒生

古卓
《狂犬惊魂》（电影）
斯蒂芬·金

猎犬
《巴斯克维尔的猎犬》 亚瑟·柯南·道尔

牛眼儿
《雾都孤儿》
查尔斯·狄更斯

聪明

邪恶

年龄无法让他们黯然失色

诗人往往会在比较年轻的时候发表自己的成名作（聂鲁达14岁，兰波15岁，沃尔科特18岁），而小说家首次发表优秀作品的平均年龄一般是30多岁，因此发表首部作品时年龄最小和最大的小说家显得尤为特别。

年龄最小

12岁 ——————————————————— 25岁

阿梅莉亚·阿特沃特-罗德：《在深夜的森林中》，1999年 — 15

弗朗索瓦兹·萨冈：《你好，忧愁》，1955年 — 19

苏珊·希尔：《圈地》，1961年 — 19

法依莎·贵尼：《今天就像昨天》，2004年 — 19

克里斯托弗·鲍里尼：《伊拉龙》，2002年 — 19

S. E. 辛顿：《局外人》，1967年 — 19

玛丽·雪莱：《弗兰肯斯坦》，1818年 — 20

布莱特·伊斯顿·埃利斯：《零下的激情》，1985年 — 21

海伦·奥耶耶美：《遗失翅膀的天使》，2005年 — 21

戈尔·维达尔：《维利沃》，1946年 — 21

本·奥克瑞：《鲜花与阴影》，1980年 — 21

F. 斯科特·基·菲茨杰拉德：《人间天堂》，1920年 — 23

年龄最大

50岁 ——————————————————— 100岁

雷蒙·钱德勒：《长眠不醒》，1939年 — 51

查尔斯·布可夫斯基德：《邮局》，1971年 — 51

理查德·亚当斯：《海底沉船》，1972年 — 52

安妮·普鲁：《明信片》，1992年 — 57

安娜·塞维尔：《黑骏马》，1877年 — 57

佩内洛普·菲茨杰拉德：《金色孩童》，1977年 — 60

朱塞佩·托马西·迪·兰佩杜萨：《豹》，1958年（作者1957年去世） — 60

弗罗拉·汤普森：《雀起乡到烛镇》，1939年 — 63

萝拉·英格斯·怀德：《大森林里的小木屋》，1932年 — 65

玛丽·韦斯利：《插队》，1983年 — 70

亨利-皮埃尔·罗谢：《朱尔与吉姆》，1953年 — 74

洛娜·佩奇：《危险的弱点》，2008年 — 93

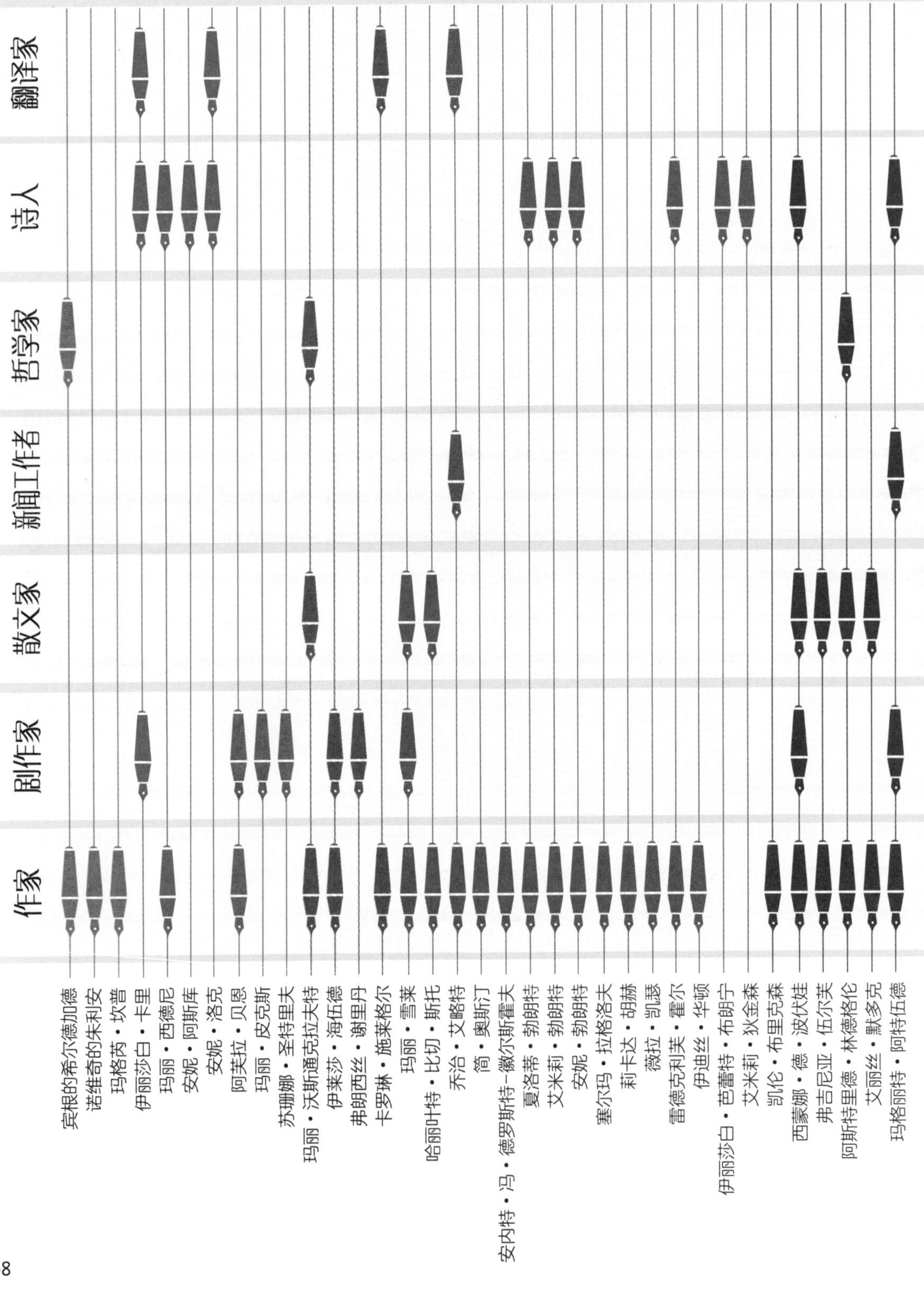

作家
剧作家
散文家
新闻工作者
哲学家
诗人
翻译家
宾根的希尔德加德
诺维奇的朱利安
玛格芮·坎普
伊丽莎白·卡里
玛丽·西德尼
安妮·阿斯库
安妮·洛克
阿芙拉·贝恩
玛丽·皮克斯
苏珊娜·圣特里夫
玛丽·沃斯通克拉夫特
伊莱莎·海伍德
弗朗西丝·谢里丹
卡罗琳·施莱格尔
玛丽·雪莱
哈丽叶特·比切·斯托
乔治·艾略特
简·奥斯汀
安内特·冯·德罗斯特-徽尔斯霍夫
夏洛蒂·勃朗特
艾米莉·勃朗特
安妮·勃朗特
塞尔玛·拉格洛夫
莉卡达·胡赫
薇拉·凯瑟
雷德克利芙·霍尔
伊迪丝·华顿
伊丽莎白·芭蕾特·布朗宁
艾米莉·狄金森
凯伦·布里克森
西蒙娜·德·波伏娃
弗吉尼亚·伍尔芙
阿斯特里德·林德格伦
艾丽丝·默多克
玛格丽特·阿特伍德

《一间自己的房间》

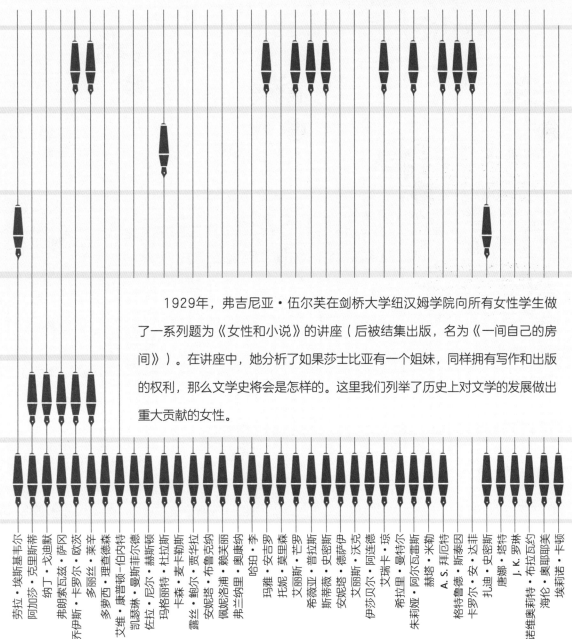

1929年，弗吉尼亚·伍尔芙在剑桥大学纽汉姆学院向所有女性学生做了一系列题为《女性和小说》的讲座（后被结集出版，名为《一间自己的房间》）。在讲座中，她分析了如果莎士比亚有一个姐妹，同样拥有写作和出版的权利，那么文学史将会是怎样的。这里我们列举了历史上对文学的发展做出重大贡献的女性。

劳拉·埃斯基韦尔
阿加莎·克里斯蒂
纳丁·戈迪默
弗朗索瓦兹·萨冈
乔伊斯·卡罗尔·欧茨
多丽丝·莱辛
多萝西·理查德森
艾维·康普顿-伯内特
凯瑟琳·曼斯菲尔德
佐拉·尼尔·赫斯顿
玛格丽特·杜拉斯
卡森·麦卡勒斯
露丝·鲍尔·贾华拉
安妮塔·布鲁克纳
佩妮洛浦·赖芙丽
弗兰纳里·奥康纳
哈珀·李
玛雅·安吉罗
托妮·莫里森
艾丽斯·芒罗
希拉亚·普拉斯
斯蒂薇·史密斯
安妮塔·德萨伊
艾丽斯·沃克
伊莎贝尔·阿连德
艾瑞卡·琼
希拉里·曼特尔
朱莉娅·阿尔瓦雷斯
赫塔·米勒
A. S. 拜厄特
格特鲁德·斯泰因
卡罗尔·安·达菲
扎迪·史密斯
唐娜·塔特
J. K. 罗琳
诺维奥莉特·布拉瓦约
海伦·奥耶耶美
埃莉诺·卡顿

为国捐躯

曾经有许多作家在第一次世界大战的战壕中写作、奋战甚至牺牲。他们之中有小说家、剧作家和诗人，有些人在战争中幸存，在战后的岁月里去世。他们对于战争的描述将永远被人们铭记，无论他们在这场残酷的战争中究竟站在哪一边的战壕里。

威尔弗雷德·欧文
英国
陆军，少尉，军事十字勋章获得者
生1893.3.18 卒1918.11.4
去世于法国桑伯–乌瓦西运河
死因：在战斗中阵亡

鲁伯特·布鲁克
英国
海军，海军中尉
生1887.8.3 卒1917.4.23
去世于希腊附近海域的一艘医疗舰上
死因：蚊虫叮咬导致的败血症

艾沃尔·葛尼
英国
陆军，士兵
生1890.2.28 卒1937.12.26
去世于英国伦敦
死因：结核病

罗伯特·格雷夫斯
英国
士兵
生1895.7.27 卒1985.12.7
去世于西班牙马略卡
死因：心脏衰竭

吉尔伯特·福兰考
英国
陆军，上尉
生1884.4.21 卒1952.11.4
去世于英国伦敦
死因：肺癌

约翰·罗德里格·多斯·帕索斯
美国
救护队
生1896.1.14 卒1970.9.28
去世于美国马里兰州巴尔的摩
死因：心脏衰竭

爱德华·康明斯
美国
救护队
生1894.10.14 卒1962.9.3
去世于美国新罕布什尔州康威
死因：中风

乔治·贝尔纳诺斯
法国
陆军，士兵
生1888.2.20 卒1948.7.5
去世于法国塞纳河畔纳伊市
死因：癌症

PO 诗人　　PL 剧作家　　N 小说家

PO

爱德华·托马斯
英国
陆军，少尉
生1878.3.3　卒1917.4.9
去世于法国加莱海峡
死因：被狙击手射杀

PO

约翰·麦克雷
加拿大①
陆军，军医
生1872.11.30　卒1918.1.28
去世于法国滨海布洛涅
死因：肺炎

PO　N

罗伯特·W. 瑟维斯
加拿大
救护队
生1874.1.16　卒1958.9.11
去世于法国朗西厄
死因：自然死亡

N　PL

伊里亚·格里戈里耶维奇·爱伦堡
俄罗斯
战地记者
生1891.1.27　卒1967.8.31
去世于俄罗斯莫斯科
死因：前列腺癌

PO　PL

奥古斯特·施特拉姆
德国
陆军，指挥官，铁十字勋章获得者
生1874.7.29　卒1915.9.1
去世于白俄罗斯霍洛德科
死因：在战斗中阵亡

N　PO　PL

弗朗茨·韦尔弗
德国
陆军，宣传队
生1890.9.10　卒1945.8.25
去世于美国纽约州纽约
死因：心脏衰竭

N　PL

埃里希·玛利亚·雷马克
德国
陆军，步兵
生1898.6.22　卒1970.9.25
去世于瑞士洛迦诺
死因：动脉瘤

N

欧内斯特·海明威
美国
救护队
生1899.7.21　卒1961.7.2
去世于美国爱达荷州凯彻姆
死因：用猎枪自杀

N

恩斯特·荣格尔
德国
陆军，中尉
生1895.3.29　卒1998.2.17
去世于德国里德林根
死因：自然死亡

① 图中国旗的式样是加拿大1965年曾用的。

怀旧是永恒的主题

《紫色》
艾丽斯·沃克

《根》
阿历克斯·哈利

《飘》
玛格丽特·米切尔

《金银岛》
罗伯特·路易斯·
史蒂文森

《战争与和平》
列夫·托尔斯泰

出版年份
作者在世的年份
作品故事背景年份
舞台音乐剧年份
电影年份
电视剧年份

1900 1905 1910 1915 1920 1925 1930 1935 1940 1945 1950 1955 1960 1965 1970 1975 1980 1985 1990 1995 2000 2005 2010 2015 2020

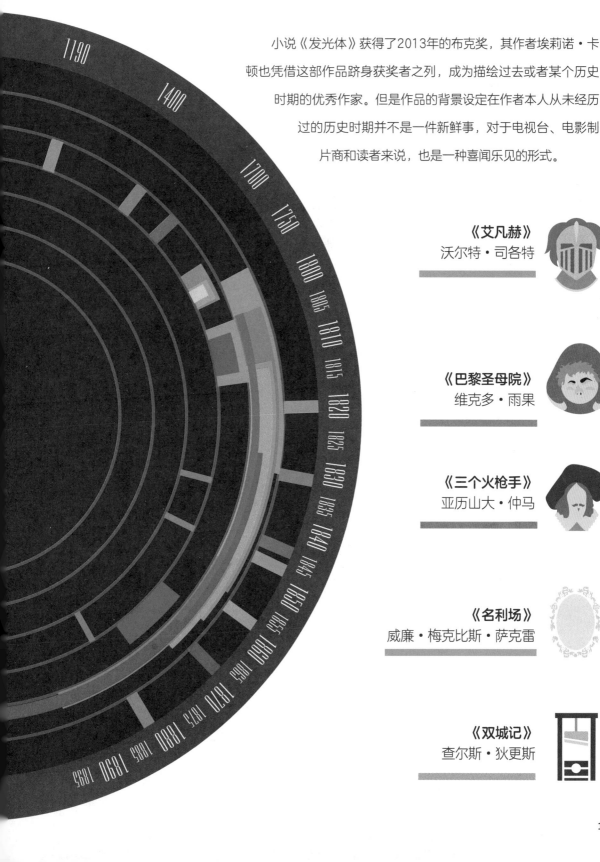

小说《发光体》获得了2013年的布克奖，其作者埃莉诺·卡顿也凭借这部作品跻身获奖者之列，成为描绘过去或者某个历史时期的优秀作家。但是作品的背景设定在作者本人从未经历过的历史时期并不是一件新鲜事，对于电视台、电影制片商和读者来说，也是一种喜闻乐见的形式。

《艾凡赫》
沃尔特·司各特

《巴黎圣母院》
维克多·雨果

《三个火枪手》
亚历山大·仲马

《名利场》
威廉·梅克比斯·萨克雷

《双城记》
查尔斯·狄更斯

碟形世界中的死亡

从1983到2013年，在特里·普拉切特的40部《碟形世界》系列小说中，死神这个角色出现了38次，其中有5部将死神作为主要角色。在普拉切特的作品中，除了明显的引用和致敬，还有许多隐喻和间接引用的情况。我们在这里进行了统计。

隐喻和引用的数量 ❓

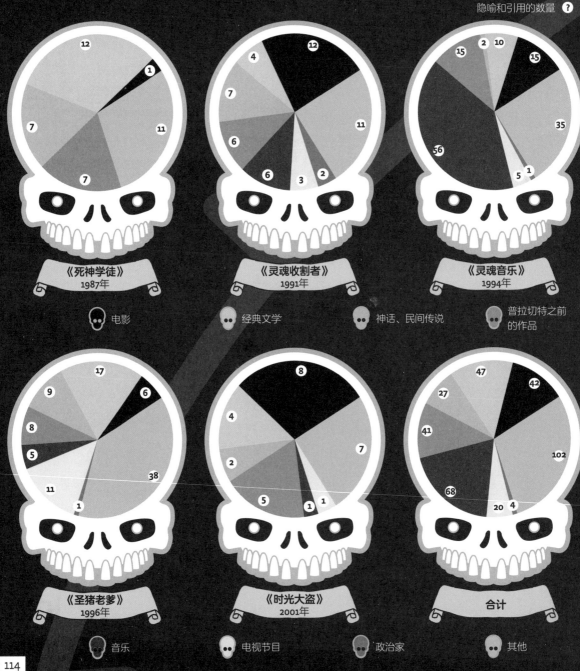

🕷 电影	🕷 经典文学	🕷 神话、民间传说	🕷 普拉切特之前的作品

《死神学徒》 1987年

《灵魂收割者》 1991年

《灵魂音乐》 1994年

《圣猪老爹》 1996年

《时光大盗》 2001年

合计

🕷 音乐	🕷 电视节目	🕷 政治家	🕷 其他

论十四行诗

　　尽管意大利诗人贾科莫·达·伦蒂尼（约1210—1260）的作品现在已经很少有人知道，但正是他首创了十四行诗这一诗歌体裁。在他之后，他的同胞但丁·阿利基耶里和一个世纪后的彼特拉克将十四行诗发扬光大，使之成为我们所知的诗歌的一个重要组成部分。我们列举了从1266到2013年的14位诗人和他们按照十四行诗韵式创作的作品，以此展现一段十四行诗的发展历史。

诗人（生卒年份）	重要十四行诗作品（年份）	国籍
但丁·阿利基耶里 1266—1321	《致敬所有热烈的灵魂和高尚的心情》 1295	意大利
彼特拉克 1304—1374	《一头纯洁的母鹿》 1368	意大利
托马斯·怀特 1503—1542	《渴望狩猎的人》 1536—1540	英国
威廉·莎士比亚 1564—1616	《十四行诗之18》《我能否把你比作夏日？》 1609	英国
约翰·邓恩 1572—1631	《圣十四行诗之10》《死神，你莫骄傲》 1633	英国
约翰·弥尔顿 1608—1674	《我思量我已耗尽光明》 1652	英国
威廉·华兹华斯 1770—1850	《我们是这世界的负累》 1802—1804	英国
珀西·比希·雪莱 1792—1822	《奥西曼迭斯》 1817	英国
夏尔·波德莱尔 1821—1867	《秋之十四行诗》 1857	法国
但丁·加百利·罗塞蒂 1828—1882	《十四行诗一首》（选自《生命之屋》） 1870	英国
赖内·马利亚·里尔克 1875—1926	《致奥尔弗斯的十四行诗之29》 1922	德国
埃德娜·文森特·默蕾 1892—1950	《生为女子，我如此忧郁》 1923	美国
巴勃罗·聂鲁达 1904—1973	《100首爱的十四行诗之17》 1959	阿根廷
谢默斯·希尼 1939—2013	《嫉妒之梦》 1979	爱尔兰

押韵格式

A ▲　B ♥　C ●　D ◗　E ■　F ✚　G ♠　H ◆　I ▮　J ✔　K ◆　L 〔　M ◈　N ✖

* 约翰·济慈一首十四行诗的题目（1819）。

资料来源：《诺顿诗歌选集（第五版）》

有关烹饪的书籍

并不是只有著名的大厨才会去写包含菜谱的书籍。世界上很多著名的小说家和剧作家都有类似的创作，下面这些从文学作品中摘录的菜单完美地证明了这一点。

菜品　　　　菜单　　　年份
1387—1977

汤

	菜品	年份
●	罗宋汤	1933
●	蛤肉浓汤配饼干屑	1851
●	路易斯安那鼋鱼汤（甲鱼汤）	1958

前菜

	菜品	年份
●	摊鸡蛋配饼干	1869
○	鳄梨酿蛋黄酱蟹肉	1963
●	腌鲱鱼（《第十二夜》）	1602
●	龙虾	1933
●	鹧鸪翅膀（《无事生非》）	1599
○	冷鸡肉条	1963
●	黄油咸肉松	1851
●	调味牛肉冻	1913
●	热鹿肉饼（《温莎的风流娘儿们》）	1602

主菜

猪肉

	菜品	年份
●	培根熏肉（《亨利四世》第一幕）	1597
●	培根和火腿	1820

牛肉

	菜品	年份
●	咸牛肉配土豆	1869
●	牛肉配芥末酱（《驯悍记》）	1592
●	牛肉炖李子	1933
○	生炙牛肉	1963

羊肉

	菜品	年份
●	烤羊羔肉（《亨利四世》第二幕）	1599

鸡肉和野味

	菜品	年份
●	砂锅鸡肉	1933
●	鸽肉馅饼	1820
●	煮鹌鹑	1958
●	鸭肉配洋葱酱	1820
●	烤鹤肉	约1387

鱼和海鲜

	菜品	年份
●	水瓜柳、酢浆草、白葡萄酒炖鱼肉	1977

每日特供

星期一

● 杂烩饭（在杏仁奶中煮制的　　　约1387
　米饭，其中加入鸡肉和鱼肉）

星期二

● 玉米淀粉薄饼　　　　　　　　1958

星期三

● 多佛馅饼　　　　　　　　　约1387
　（不新鲜的肉或鱼做成的馅饼，
　浇上血或肉汁，使之显得较为新鲜）

星期四

● 烤牛肚（《驯悍记》）　　　　1592

星期五

● 鲸鱼肉排　　　　　　　　　　1851

特色菜

●

一打生蚝
1933

●

黑鱼子酱
1963

●

龙虾
1869

配菜

●	蒜味面包	1933
●	酒泡面包	约1387
	（烤面包或蛋糕蘸红葡萄酒）	
●	精面面包（精面粉做成的白面包）	约1387
●	大蒜、洋葱和韭葱	约1387
●●	芦笋（配黄油）	1869/1913
●●	新鲜土豆	1913/1933
●	芥末酱脆皮	1977
●	炖牛肚	1977

甜点

●	炖梅子（《温莎的风流娘儿们》）	1602
●	黄油蜂蜜煎饼	1820
●	牛奶冻配草莓	1869
●	玛德琳蛋糕	1913
●	船形樱桃挞	1913
●	巧克力蛋糕	1913
●	甜布丁	1933
●	洛克福奶酪	1933
●	杏仁膏腌水果	1963

图例　　菜品出处的作品、作者及创作年份

● 《坎特伯雷故事集》杰弗雷·乔叟（1387—1400）
● 《莎士比亚全集》威廉·莎士比亚（约1590—1613）
● 《睡谷的传说》华盛顿·欧文（1820）
● 《白鲸》赫尔曼·梅尔维尔（1851）
● 《小妇人》路易莎·梅·奥尔科特（1868—1869）
● 《追忆逝水年华》马塞尔·普鲁斯特（1913）
● 《巴黎伦敦落魄记》乔治·奥威尔（1933）
● 《巴贝特之宴》伊萨克·迪内森（1958）
● 《钟形罩》西尔维娅·普拉斯（1963）
● 《鲽鱼》君特·格拉斯（1977）

饮品

啤酒

● 蜜酒（发酵后的淡啤酒、　　　　约1387
　蜂蜜和香料调和成的饮品）

● 一杯伦敦啤酒　　　　　　　　　约1387

葡萄酒

● 香料酒（意大利甜酒）　　　　　约1387

● 红酒　　　　　　　　　　　　　约1387

● 伊波克拉斯酒（调味酒）　　　　约1387

资料来源：godecookery网站，finedininglovers网站，pbs网站，foodrepublic网站，literaryfoodporn.blogspot网站

谢谢，但是我拒绝

　　不管是因为哪方面的成就，被授予一项大奖总是了不起的成就。但还是有15位作家拒绝了颁发给自己的奖项（或拒绝了奖项提名），到底是哪15位作家拒绝了何种奖项？他们这样做的年份和原因究竟是什么呢？

1906
列夫·托尔斯泰（俄罗斯）
诺贝尔奖
100000美元
拒绝的原因是他认为奖金"只会带来邪恶"。

1926
辛克莱·刘易斯（美国）
普利策奖
10000美元
反对由评委会作为权威来评判文学作品的优劣。

1964
让-保罗·萨特（法国）
诺贝尔奖
100000美元
拒绝领奖，表示"作家不应当让他自己成为某个机构的成员"。

1988
娥苏拉·勒瑰恩（美国）
星云奖
为了抗议美国科幻作家协会拒绝授予一位波兰籍作家荣誉会员称号的行为。

1925
萧伯纳（爱尔兰）
诺贝尔奖
100000美元
最终被妻子说服接受了奖项，但是拒绝领取奖金。

1958
鲍利斯·帕斯捷尔纳克（俄罗斯）
诺贝尔奖
100000美元
他的政府不同意他领取西方世界授予的奖项。

1970
亚历山大·索尔仁尼琴（俄罗斯）
诺贝尔奖
100000美元
不愿离开祖国前去领奖。

2003

哈里·昆兹鲁（英国）

约翰·卢威连·莱斯文学奖

约8400美元（5000英镑）

抗议奖项的赞助机构《星期日邮报》对亚裔和非裔的敌视。

2011

迈克尔·翁达杰

（斯里兰卡-加拿大）

加拿大吉勒文学奖

认为自己已经多次获得过这一奖项，因此不应再参加评选。

2011

戴维·康威尔

（英国）

布克文学奖

约84000美元

（50000英镑）

拒绝提名，原因是他认为写作者不应为了获奖而相互竞争。

2012

哈维尔·马里亚斯

（西班牙）

西班牙国家小说奖

约27400美元

（20000欧元）

该奖项是由国家设立的，而他不愿意接受政府的奖金。

2006

彼得·汉德克

（奥地利）

海因里希·海涅文学奖

约68500美元

（50000欧元）

最初接受了奖项，但德国政治人物认为他支持斯洛博丹·米洛舍维奇，对他进行了抵制，因此拒绝领奖。

2008

阿道夫·穆什格

（德国）

瑞士图书奖

约68500美元

（50000欧元）

把奖项比作一场电视真人秀，表示自己写作不是为了获得关注。

2011

爱丽丝·奥斯瓦尔德（英国）、约翰·金塞拉（澳大利亚）

诗歌图书社艾略特奖

约25000美元

（15000英镑）

拒绝提名的原因是奖项的赞助商是一家投资公司。

2012

劳伦斯·费林盖蒂

（美国）

潘诺尼乌斯国际诗歌奖

约68500美元

（50000欧元）

由于奖项的部分资金来自压制异见的匈牙利政府。

上西区

能够时间旅行的插画师遇见生活放荡的大学老师

杰克·芬尼《一次又一次》中的西蒙·莫利遇见莱蒂斯·露丝娜《寻找顾巴先生》中的特丽莎·唐

哈林区

以黑人运动做幌子的骗子遇见由于黑人身份遭到忽视的隐形人

切斯特·海姆斯《棉花来到哈林区》中的德克·奥哈拉遇见拉尔夫·埃里森《看不见的人》中的无名主角

中央公园

叛逆青年遇见自恋的轻佻女郎

J. D. 塞林格《麦田里的守望者》中的霍尔顿·考尔菲德遇见F. 斯科特·菲茨杰拉德《了不起的盖茨比》中的黛西·布坎南

格林威治村

有自杀倾向的爵士乐鼓手遇见抑郁的记者

詹姆斯·鲍德温《另一个国家》中的鲁弗斯·斯科特遇见西尔维娅·普拉斯《钟形罩》中的伊瑟·格林伍德

华盛顿广场

父亲专横、不愿继承家业、害羞、朴实的女儿遇见父亲强势、不愿继承家业的儿子

亨利·詹姆斯《华盛顿广场》中的凯瑟琳·斯洛珀遇见马里奥·普佐《教父》中的迈克·柯里昂

华尔街

证券交易市场的不速之客遇见自封的金融弄潮儿

唐·德里罗《球员们》中的莱尔遇见汤姆·沃尔夫《虚荣的篝火》中的谢尔曼·麦克科伊

下曼哈顿地区

孤独而富有的商人遇见孤独而富有的唱片公司老板

J. P. 邓利维《非凡之人》中的乔治·史密斯遇见珍妮弗·伊根《恶棍来访》中的本尼·萨拉查

下百老汇

建筑师权利的维护者遇见难以相处的侦探

安·兰德《源泉》中的霍华德·洛克遇见达希尔·哈米特《瘦子》中的尼克·查尔斯

第五大道

充满幻想的乡下女孩遇见渴求自由的伯爵夫人

杜鲁门·卡波特《蒂凡尼的早餐》中的霍丽·格莱特利遇见伊迪丝·华顿《纯真年代》中的埃伦·奥兰斯卡伯爵夫人

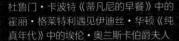

莱辛顿大道

杀害他人、道德沦丧的股票经纪人遇见意在复仇、亦正亦邪的罪犯斗士

布莱特·伊斯顿·埃利斯《美国精神病人》中的帕特里克·贝特曼遇见《守望者》中的罗夏

帝国大厦

渴望复仇的沮丧犹太难民遇见渴望复仇的沮丧犹太移民

迈克尔·夏邦《卡瓦利与克雷的神奇冒险》中的约瑟夫·卡瓦利（"乔"）遇见亨利·罗斯《就说是睡着了》中的大卫·舍尔

威廉斯堡

循规蹈矩的犹太裔少年数学天才遇见热爱读书的犹太少年

海姆·波托克《特选子民》中的鲁文·马尔特遇见贝蒂·史密斯《布鲁克林有棵树》中的弗兰西·诺兰

中城

任性的女演员遇见受到虐待的梅西百货售货员

杰奎琳·苏珊《娃娃谷》中的尼莉遇见玛丽·麦卡锡《她们》中的克伊·斯特朗

布鲁克林

患有妥瑞氏症的私家侦探遇见异装癖性工作者

乔纳森·勒瑟姆《布鲁克林孤儿》中的埃斯罗格遇见小胡伯特·塞尔比《布鲁克林黑街》中的乔奇

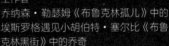

东百老汇

失去父亲的九岁男孩遇见为自己虚构朋友的孤独老人

乔纳森·萨弗兰·福尔《特别响，非常近》中的奥斯卡·谢尔遇见妮科尔·克劳丝《恋爱史》中的里奥·葛斯基

布鲁克林高地

小说作家遇见集中营的幸存者

保罗·奥斯特《纽约三部曲》中的丹尼尔·昆恩遇见威廉·斯泰伦《苏菲的选择》中的苏菲·扎维斯道斯卡

下东区

陷入道德困境的酒吧经理和陷入道德困境的排印编辑

理查德·普赖斯《奢华生活》中的埃里克·卡什遇见索尔·贝娄《受害者》中的阿萨·莱文萨尔

在纽约与我相会

不同时代的不同作者不约而同地将笔下的故事设定在纽约，不妨想象一下他们笔下的人物在纽约的著名地点相遇的情景……

《悼念》

自然
生命×62
光线×52
黑暗×48
大地×30
太阳×26
人×24
花朵×24
雨×21
风×21
自然×
月亮×

时间
天×64
时间×49
直到×46
年×44
死×31
夜晚×35
小时×31
过去×21
阴影×18

死亡
深渊×38
死亡×36
死去的×32
改变×32
灵魂×27
离去×26
远去×21
面庞×18

肉体
心×49
呼吸×35
外形×26
心灵×25
声音×22
人类×21
鲜血×18

丁尼生和哈勒姆
我们（主格）×104

宗教
精神×40
信仰×31
灵魂×27
我们的（所有格/物主词）×35
上帝×21
我们（宾格）×26
天堂×15
基督×13

合计

147
宗教

165
丁尼生和哈勒姆

214
肉体

261
死亡

122

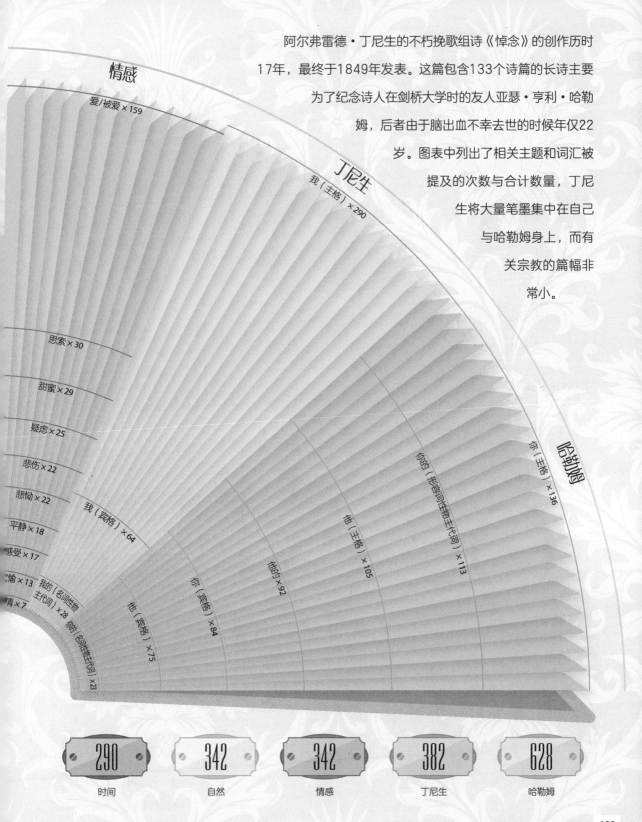

情感

爱/被爱 ×159

丁尼生

我（主格）×290

哈勒姆

阿尔弗雷德·丁尼生的不朽挽歌组诗《悼念》的创作历时17年，最终于1849年发表。这篇包含133个诗篇的长诗主要为了纪念诗人在剑桥大学时的友人亚瑟·亨利·哈勒姆，后者由于脑出血不幸去世的时候年仅22岁。图表中列出了相关主题和词汇被提及的次数与合计数量，丁尼生将大量笔墨集中在自己与哈勒姆身上，而有关宗教的篇幅非常小。

思索 ×30

甜蜜 ×29

疑虑 ×25

悲伤 ×22

悲恸 ×22

平静 ×18

感受 ×17

愉 ×13

情 ×7

我（宾格）×64

我的（名词性物主代词）×28

你（主格）×136

你的（形容词性物主代词）×113

他（主格）×105

他的 ×92

你（宾格）×84

他（宾格）×75

我的（名词性物主代词）×23

290	342	342	382	628
时间	自然	情感	丁尼生	哈勒姆

六度分隔理论：斯蒂芬·金

惊悚小说畅销作家斯蒂芬·金在获得巨大成功之后，被认为已经达到其他著名小说家的高度。下图展示了他与历史上的其他著名作家之间只有六步之遥。

1

珀西·比希·雪莱
诗人，妻子
为玛丽

玛丽·雪莱
创作了《弗兰肯斯坦》，当时她与丈夫正在拜伦家做客

拜伦爵士
在接待雪莱夫妇时，还邀请了波里道利

约翰·威廉·波里道利
在此次赴约期间，创作了《吸血鬼》，该部小说激发了斯托克的灵感

布莱姆·斯托克
从《吸血鬼》获得灵感创作了《德古拉》，金在其启发下创作了《撒冷镇》

2

弗拉基米尔·纳博科夫
创作了《洛丽塔》（1962）的剧本，改编成电影后由塞勒斯出演

彼得·塞勒斯
在《洛丽塔》之后的下一部电影是《奇爱博士》，编剧之一就是索泽恩

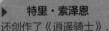

特里·索泽恩
还创作了《逍遥骑士》，演员包括尼科尔森

杰克·尼科尔森
与导演库布里克
在1980年的一部
电影中进行合作

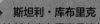

斯坦利·库布里克
这部由库布里克导演的电影就是《闪灵》，改编自金的同名小说

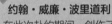

W. B. 叶芝
诗人，曾三次向
茅德·冈求婚

奥莉薇亚·莎士比亚
是庞德的岳母

茅德·冈
拒绝了叶芝的求爱，
后者与奥莉薇亚·莎
士比亚有过一段恋情

埃兹拉·庞德
他的诗歌是哈特伦教授
研究的主要方向

波顿·哈特伦
被金称为自己最喜欢的老师

斯蒂芬·金

乔·金
金的儿子，以
乔·希尔为笔名

H. P. 洛夫克拉夫特
惊悚小说作家，经常被金
称为自己主要的灵感来源

胡迪尼
逃脱大师，同时也是他的朋
友洛夫克拉夫特的灵感来源

乔·希尔
瑞典裔美国社会活动
家和作曲家，同时激
励着乔·金进行写作

海伦·凯勒
与希尔一同创立了世
界产业工人联合会

亚瑟·柯南·道尔
作家，是胡迪尼的好友

哈丽叶特·比切·斯托
与吐温都是海伦·
凯勒的朋友

詹姆斯·巴里
与道尔合著了一出
戏剧《简·安妮》

马克·吐温
与斯托是邻居

H. G. 威尔斯
是作家巴利的挚友

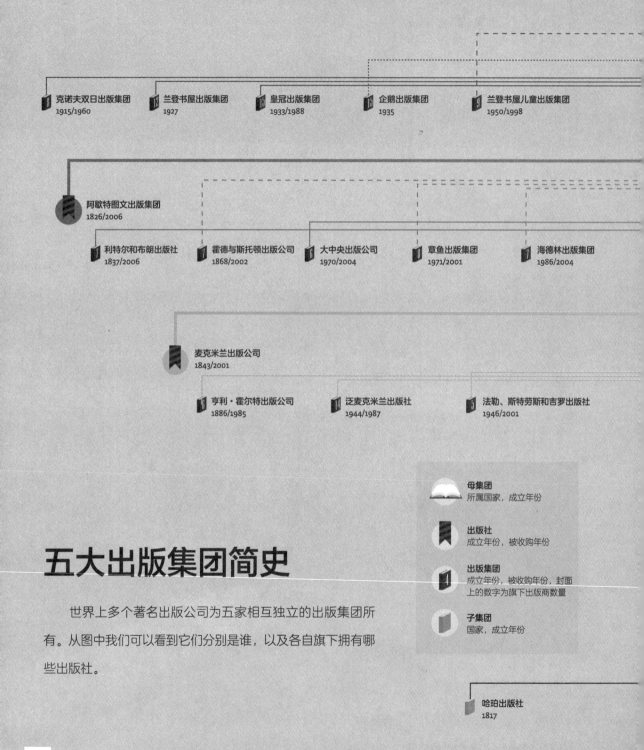

克诺夫双日出版集团
1915/1960

兰登书屋出版集团
1927

皇冠出版集团
1933/1988

企鹅出版集团
1935

兰登书屋儿童出版集团
1950/1998

阿歇特图文出版集团
1826/2006

利特尔和布朗出版社
1837/2006

霍德与斯托顿出版公司
1868/2002

大中央出版公司
1970/2004

章鱼出版集团
1971/2001

海德林出版集团
1986/2004

麦克米兰出版公司
1843/2001

亨利·霍尔特出版公司
1886/1985

泛麦克米兰出版社
1944/1987

法勒、斯特劳斯和吉罗出版社
1946/2001

五大出版集团简史

世界上多个著名出版公司为五家相互独立的出版集团所有。从图中我们可以看到它们分别是谁，以及各自旗下拥有哪些出版社。

母集团
所属国家，成立年份

出版社
成立年份，被收购年份

出版集团
成立年份，被收购年份，封面上的数字为旗下出版商数量

子集团
国家，成立年份

哈珀出版社
1817

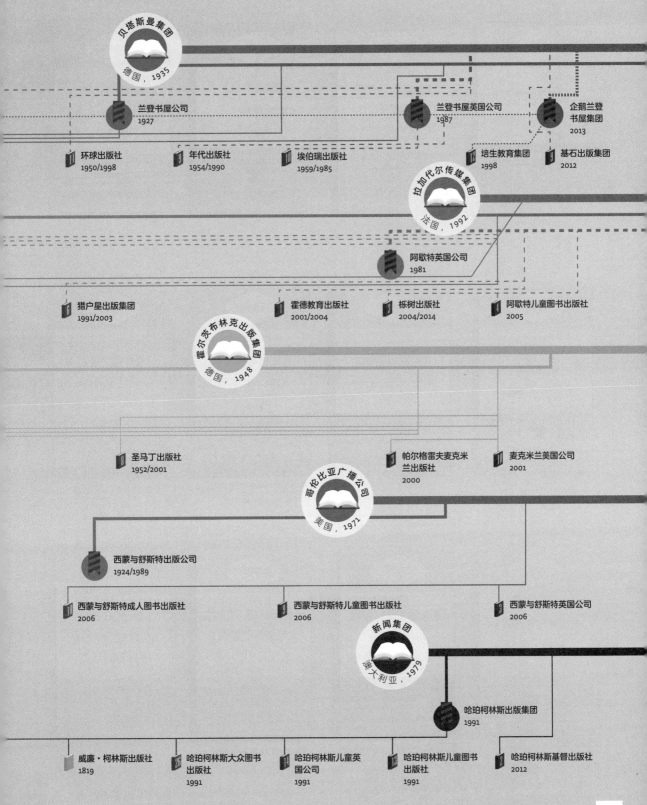

贝塔斯曼集团
德国，1935

兰登书屋公司
1927

兰登书屋英国公司
1987

企鹅兰登书屋集团
2013

环球出版社
1950/1998

年代出版社
1954/1990

埃伯瑞出版社
1959/1985

培生教育集团
1998

基石出版集团
2012

拉加代尔传媒集团
法国，1992

阿歇特英国公司
1981

猎户星出版集团
1991/2003

霍德教育出版社
2001/2004

栎树出版社
2004/2014

阿歇特儿童图书出版社
2005

霍尔兹布林克出版集团
德国，1948

圣马丁出版社
1952/2001

帕尔格雷夫麦克米
兰出版社
2000

麦克米兰美国公司
2001

哥伦比亚广播公司
瑞典，1971

西蒙与舒斯特出版公司
1924/1989

西蒙与舒斯特成人图书出版社
2006

西蒙与舒斯特儿童图书出版社
2006

西蒙与舒斯特英国公司
2006

新闻集团
澳大利亚，1979

哈珀柯林斯出版集团
1991

威廉·柯林斯出版社
1819

哈珀柯林斯大众图书
出版社
1991

哈珀柯林斯儿童英
国公司
1991

哈珀柯林斯儿童图书
出版社
1991

哈珀柯林斯基督出版社
2012

1781	1869	1899	1914
《纯粹理性批判》	《文化与无政府状态》	《梦的解析》	《语言研究导论》
伊曼努尔·康德	马修·阿诺德	西格蒙德·弗洛伊德	莱纳德·布龙菲尔德
本体论	文学批评	精神分析学	结构语言学
存在的本质	文学研究的方法论	人类心理的发展	组合和聚合分析

1936	1956	1963	1967
《机械复制时代的艺术》	《语言的基础》	《文化与社会》	《作者之死》
瓦尔特·本雅明	罗曼·雅格布森	雷蒙·威廉斯	罗兰·巴特
		😎	😎
技术哲学	结构主义	马克思主义	后结构主义
技术的本质及其对社会的影响	对语言的结构分析	通过马克思主义理论来理解文字	在具体现实和抽象之间进行思索

1977	1978	1990	1990
《现代写作方式》	《阅读活动：审美反应理论》	《性别麻烦：女性主义与身份的颠覆》	《柜子认识论》
戴维·洛奇	沃尔夫冈·伊泽尔	朱迪斯·巴特勒	伊芙·科索夫斯基·塞吉维克
	😎	😎	😎
文学理论	接受美学	女性主义理论	酷儿理论
文学的本质	读者对文学作品的反应	对作品基于女性主义的解读	以后现代主义理论对文学作品的酷儿视角进行解读

1916

《普通语言学教程》

费尔迪
南·德·索绪尔

符号学

符号、意符和所指

1927

《存在与时间》

马丁·海德格尔

存在现象学

存在

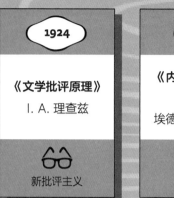

1924

《文学批评原理》

I. A. 理查兹

新批评主义

对文字进行深入解读
（对简短的章节进行持续
解读）

1928

《内在时间意识的
现象学》

埃德蒙德·胡塞尔

现象学

经验和意识

1967

《解释的有效性》

E. D. 赫施

解释学

通过追溯历史环境来
诠释文本

1967

《论文字学》

雅克·德里达

解构主义

现实存在的形而上学

1975

《对话的想象》

米哈伊尔·巴赫金

语言哲学

意义、语言运用、认知、
语言和现实的本质

1976—1984

《性史》

米歇尔·福柯

后现代主义

对文本的模糊定义、结构
上未能被遵循的原则

所有人都是批评家

今天我们已经可以从在线销售图书的网站上浏览图书的名字，因此所有人都拥有了成为批评家的潜力。然而很少有人接受过这方面的训练。如果将文学批评当作一件严肃的事情来看待，这里列举了一些主要的文学批评流派作品及其作者和背后的哲学思想（颜色代表作者国籍），也许会对你有所启发。

 理论　　哲学　　● 瑞士　　● 德国　　● 威尔士　　● 法国　　● 美国　　● 英格兰　　● 俄罗斯

惊悚小说新手写作工具包

在自费出版图书的作者眼中，惊悚小说是最受欢迎的体裁。但是如何着手写一本惊悚小说呢？这里我们给出了确定标题、主人公姓名乃至自费出版版权标记的具体步骤，剩下的就要靠你自己的想象力了。

你的书名
□ + □ + ■

你的主人公的名和职业
□ + □

你的主要反派的名和职业
□ + □

自费出版版权标记的名字
□ + □ + ■

选择你出生的月份 标题中的连词（如果有介词的情况下）
选择当前的月份 主人公的名
选择你出生的月份 反派的名

选择你出生的月份 版权标记的第一个单词
选择当前的月份 版权标记的第二个单词
选择出版的月份 版权标记的第三个单词

一月
- 在
- 男 亚当 或 女 伊芙
- 男 无名 或 女 海伦
- 黑
- 狼蛛
- 图书

二月
- 到
- 男 杰克 或 女 吉尔
- 男 巴特勒 或 女 安妮
- 红
- 蜥蜴
- 发行

三月
- 如果
- 男 科特 或 女 萨迦
- 男 金 或 女 艾利克斯
- 绿
- 豹
- 出版

四月
- 那个
- 男 迈克 或 女 贝蒂
- 男 第一人称自述 或 女 梅迪亚
- 蓝
- 鸦
- 推理小说

五月
- 不是
- 男 福特 或 女 伯琳
- 男 史密斯 或 女 李
- 紫罗兰
- 秃鹫
- 故事

六月
- 所以
- 男 哈利 或 女 卡珊德拉
- 男 瑞奇 或 女 格伦
- 猩红
- 绒猴
- 书库

七月
- 的
- 男 昌斯 或 女 科迪莉亚
- 男 亨利 或 女 护士"X"
- 紫
- 天鹅
- 集

八月
- 从
- 男 西蒙 或 女 安提戈涅
- 男 普莱斯 或 女 X夫人
- 橙
- 鲨鱼
- 公司

九月
- 和
- 男 赫尔墨斯 或 女 P. D.
- 男 爸爸 或 女 妈妈
- 灰
- 蚊子
- 书屋

十月
- 但是
- 男 约瑟夫 或 女 丽兹
- 男 科特 或 女 库伊拉
- 粉红
- 蜘蛛
- 丛书

十一月
- 倘若
- 男 西吉 或 女 弗兰基
- 男 H 或 女 E
- 黄绿
- 狼
- 书社

十二月
- 像
- 男 尤利西斯 或 女 莫莉
- 男 尤素夫 或 女 贝蒂
- 白
- 狗
- 兄弟公司

星期日	星期一	星期二	星期三	星期四	星期五	星期六
选择你的出生日期 单词作为标题或标题的第一个单词 选择当前的日期 标题中作表语的形容词 星期几（今天的日期） 主人公的职业 星期几（你的出生日期） 反派的职业			**1** 抓住 熟睡 警察 警察	**2** 回到 献血 律师 黑帮成员	**3** 致命 雨 法医 精神病患者或反社会人格	**4** 遗忘 时间 私家侦探 网络罪犯
5 回忆 家庭 军人（或退伍军人） 创伤后应激障碍患者	**6** 回声 绝望 精英士兵或联邦探员 过去的情人	**7** 外 奔跑 普通市民 隐藏秘密的名流	**8** 恸哭 地狱 警察 警察	**9** 逝去 过去 律师 黑帮成员	**10** 仍然 他们 法医 精神病患者或反社会人格	**11** 寒冷 远去 私家侦探 网络罪犯
12 发现 遗忘 军人（或退伍军人） 创伤后应激障碍患者	**13** 孩童 规则 精英士兵或联邦探员 过去的情人	**14** 风暴 地方 普通市民 隐藏秘密的名流	**15** 堕落 金钱 警察 警察	**16** 刚刚 坟墓 律师 黑帮成员	**17** 男孩 双眸 法医 精神病患者或反社会人格	**18** 漫长 机会 私家侦探 网络罪犯
19 微少 无物 军人（或退伍军人） 创伤后应激障碍患者	**20** 最终 挚爱 精英士兵或联邦探员 过去的情人	**21** 赤裸 洞 普通市民 隐藏秘密的名流	**22** 女孩 消失 警察 警察	**23** 恐惧 当 律师 黑帮成员	**24** 信任 天堂 法医 精神病患者或反社会人格	**25** 返回 此间 私家侦探 网络罪犯
26 盲目 他们 军人（或退伍军人） 创伤后应激障碍患者	**27** 失踪 结局 精英士兵或联邦探员 过去的情人	**28** 耻辱 歌曲 普通市民 隐藏秘密的名流	**29** 观察 永远 警察 警察	**30** 失去 时间 律师 黑帮成员	**31** 13 再一次 法医 精神病患者或反社会人格	完结

大荧幕的编剧们

票房▶

真实作家信息
电影名
年份

100万美元▶

T. S. 艾略特
（1888—1965，美国）
《汤姆和维芙》
（1994）

165万美元▶

乔·奥顿
（1933—1967，英国）
《竖起你的耳朵》
（1987）

220万美元▶

奥斯卡·王尔德
（1854—1900，爱尔兰）
《王尔德》
（1998）

290万美元▶

西尔维娅·普拉斯
（1932—1963，美国）
特德·休斯
（1930—1998，英国）
《西尔维娅》（2003）

420万美元▶

多萝西·派克
（1893—1967，美国）
《派克夫人的情人》
（1994）

610万美元▶

克努特·汉姆生
（1859—1952，挪威）
《汉姆生》
（1996）

1090万美元▶

让-巴蒂斯特·波克兰
（即莫里哀）
（1622—1673，法国）
《莫里哀》
（2007）

1440万美元▶

约翰·济慈
（1795—1821，英国）
《明亮的星》
（2009）

1615万美元▶

艾丽丝·默多克
（1919—1999，爱尔兰）
《艾丽丝》
（2001）

2350万美元▶

亨利·米勒
（1891—1980，美国）
阿娜伊斯·宁
（1903—1977，法国）
《亨利和琼》（1990）

3500万美元▶

毕翠克丝·波特
（1866—1943，英国）
《波特夫人》
（2006）

4920万美元▶

杜鲁门·卡波特
（1924—1984，美国）
《卡波特》
（2005）

1.09亿美元▶

弗吉尼亚·伍尔芙
（1882—1941，英国）
《时时刻刻》
（2002）

1.125亿美元▶

P. L. 特拉弗斯
（1899—1996，澳大利亚）
《大梦想家》
（2013）

2.893亿美元▶

威廉·莎士比亚
（1582—1616，英国）
《莎翁情史》
（1998）

所谓的"严肃作家"往往会看不起好莱坞及其各种商业片，但是这并没有阻止电影人将其作为电影的主人公。观众对电影有怎样的偏好呢？他们到底更喜欢描写真实作家的影片，还是更喜欢有关虚构作家的影视作品？这里我们列举了一些这两类体裁电影中的佼佼者，对它们及其票房进行比较。

★ 虚构的作家 ★

票房▶	150万美元▶	150万美元▶	490万美元▶
虚构作家 **电影名** **年份**	**乔恩·霍尔特** 犯罪小说作者 《失眠症》 （1998）	**沃尔特·克兰兹** 诗人 《撒旦一击》 （1976）	**安德鲁·维克** 犯罪小说作者 《足迹》 （2007）
1110万美元▶	1200万美元▶	1540万美元▶	1600万美元▶
伯纳德·伯克曼 小说家 《鱿鱼和鲸》 （2005）	**巴顿·芬克** 剧作家 《巴顿·芬克》 （1991）	**爱德华·德·维尔** 剧作家、诗人 《匿名者》 （2011）	**哈里·布洛克** 小说家 《解构爱情狂》 （1997）
2400万美元▶	3350万美元▶	6020万美元▶	7500万美元▶
德克斯特·康奈尔 非虚构文学作品作家 《死亡漩涡 D. O. A. 》 （1988）	**格拉迪·特里普** 非虚构文学作品作家 《奇迹小子》 （2000）	**"影子写手"** 非虚构文学作品作家 《影子写手》 （2010）	**杰克·托兰斯** 小说家 《闪灵》 （1980）
7750万美元▶	1.2亿美元▶	3.15亿美元▶	3.53亿美元▶
乔治·德雷曼 剧作家 《窃听风暴》 （2006）	**保罗·谢尔顿** 犯罪小说作家 《危情十日》 （1990）	**梅尔文·尤德尔** 小说家 《尽善尽美》 （1997）	**凯瑟琳·特拉姆梅尔** 犯罪小说作家 《本能》 （1992）

雌雄莫辨

作为一位女性，有时不得不克服很多困难，而身为男性同样艰辛。有些作者会选择用另一个性别的笔名来进行创作，他们这样做的原因多种多样。但是我们是否能从男性和女性选择这样做的动机中找到规律呢？

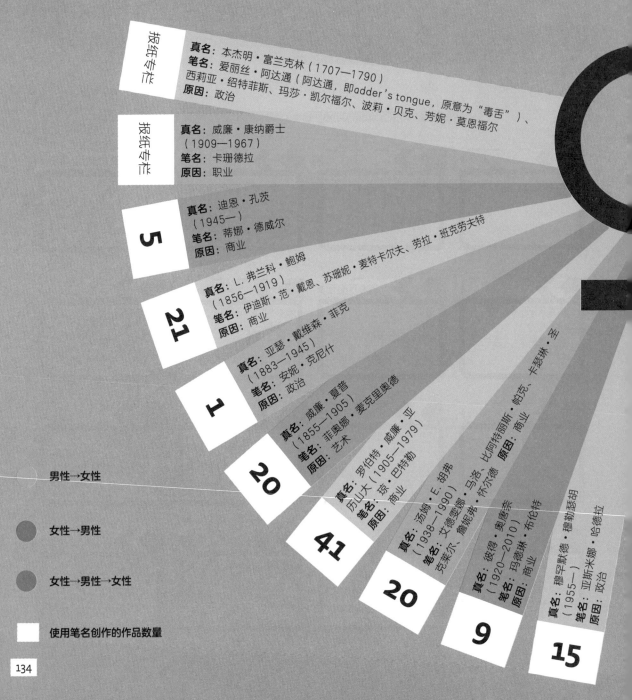

报纸专栏
真名：本杰明·富兰克林（1707—1790）
笔名：爱丽丝·阿达通（阿达通，即adder's tongue，原意为"毒舌"）、西莉亚·绍特菲斯、玛莎·凯尔福尔、波莉·贝克、芳妮·莫恩福尔
原因：政治

报纸专栏
真名：威廉·康纳爵士（1909—1967）
笔名：卡珊德拉
原因：职业

5
真名：迪恩·孔茨（1945—）
笔名：蒂娜·德威尔
原因：商业

21
真名：L. 弗兰科·鲍姆（1856—1919）
笔名：伊迪斯·范·戴恩、苏珊妮·麦特卡尔夫、劳拉·班克劳夫特
原因：商业

1
真名：亚瑟·戴维森·菲克（1883—1945）
笔名：安妮·克尼什
原因：政治

20
真名：威廉·夏普（1855—1905）
笔名：菲奥娜·麦克里奥德
原因：艺术

41
真名：罗伯特·威廉·亚历山大（1905—1979）
笔名：琼·巴特勒
原因：商业

20
真名：汤姆·E. 胡弗（1938—1990）
笔名：艾德蔓娜·马洛、比阿特丽斯·怀尔德、詹妮弗·布伯特、克莱尔
原因：商业

9
真名：彼得·奥唐奈（1920—2010）
笔名：玛德琳·布伦特
原因：商业

15
真名：穆罕默德·穆勒瑟胡（1955—）
笔名：亚斯米娜·哈德拉
原因：政治

男性→女性

● 女性→男性

● 女性→男性→女性

□ 使用笔名创作的作品数量

134

真名：梅丽莎·安·布莱特
（1804—1876）即比利·马丁
笔名：波比·Z.布莱特 原因：商业

19

真名：阿曼蒂娜·露西·奥萝尔·杜班
（1804—1876）
笔名：乔治·桑德 原因：政治

45 (+10)

真名：凯伦·布里克森（1885—1962）
笔名：伊萨克·丁尼森、皮埃尔·安德雷佐尔 原因：艺术

36

真名：路易莎·梅·奥尔科特
（1832—1888）
笔名：A.M.巴纳德 原因：社会

3

真名：诺拉·罗伯茨
（1950—）
笔名：J.D.罗博 原因：商业

36

真名：J.K.罗琳（1965—）
笔名：罗伯特·加尔布莱斯
原因：商业

1

真名：玛丽·安·伊文思
（1819—1880）
笔名：乔治·艾略特 原因：政治

7

真名：伊迪丝·帕杰特（1913—1995）
笔名：安利斯·彼得斯、约翰·雷
德芬姆、彼得·本尼迪克特
原因：商业

41

真名：安妮·勃朗特
（1820—1849）
笔名：阿克顿·贝尔
原因：社会

2

真名：夏洛蒂·勃朗特
（1816—1855）
笔名：科勒·贝尔
原因：社会

1

真名：艾米丽·勃朗特
（1818—1848）
笔名：埃利斯·贝尔
原因：社会

3

真名：露西·比阿特丽斯·马莱森
（1899—1973）
笔名：安东尼·吉尔伯特
原因：商业

51

135

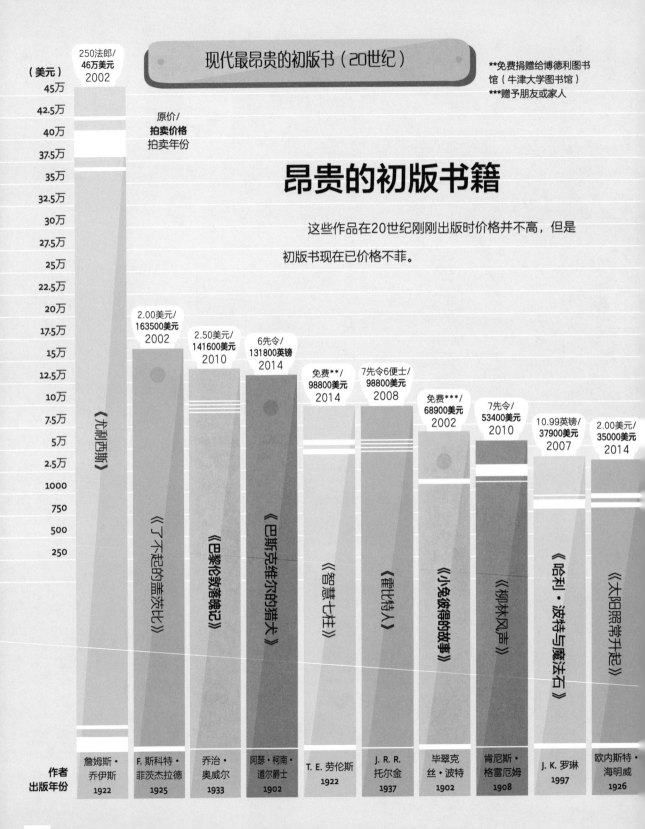

现代最昂贵的初版书（20世纪）

**免费捐赠给博德利图书馆（牛津大学图书馆）
***赠予朋友或家人

昂贵的初版书籍

这些作品在20世纪刚刚出版时价格并不高，但是初版书现在已价格不菲。

（美元）

250法郎/
46万美元
2002

原价/
拍卖价格
拍卖年份

价格标注	书名	作者	出版年份
250法郎/**46万美元** 2002	《尤利西斯》	詹姆斯·乔伊斯	1922
2.00美元/**163500美元** 2002	《了不起的盖茨比》	F. 斯科特·菲茨杰拉德	1925
2.50美元/**141600美元** 2010	《巴黎伦敦落魄记》	乔治·奥威尔	1933
6先令/**131800英镑** 2014	《巴斯克维尔的猎犬》	阿瑟·柯南·道尔爵士	1902
免费**/**98800美元** 2014	《智慧七柱》	T. E. 劳伦斯	1922
7先令6便士/**98800美元** 2008	《霍比特人》	J. R. R. 托尔金	1937
免费***/**68900美元** 2002	《小兔彼得的故事》	毕翠克丝·波特	1902
7先令/**53400美元** 2010	《柳林风声》	肯尼斯·格雷厄姆	1908
10.99英镑/**37900美元** 2007	《哈利·波特与魔法石》	J. K. 罗琳	1997
2.00美元/**35000美元** 2014	《太阳照常升起》	欧内斯特·海明威	1926

作者
出版年份

136

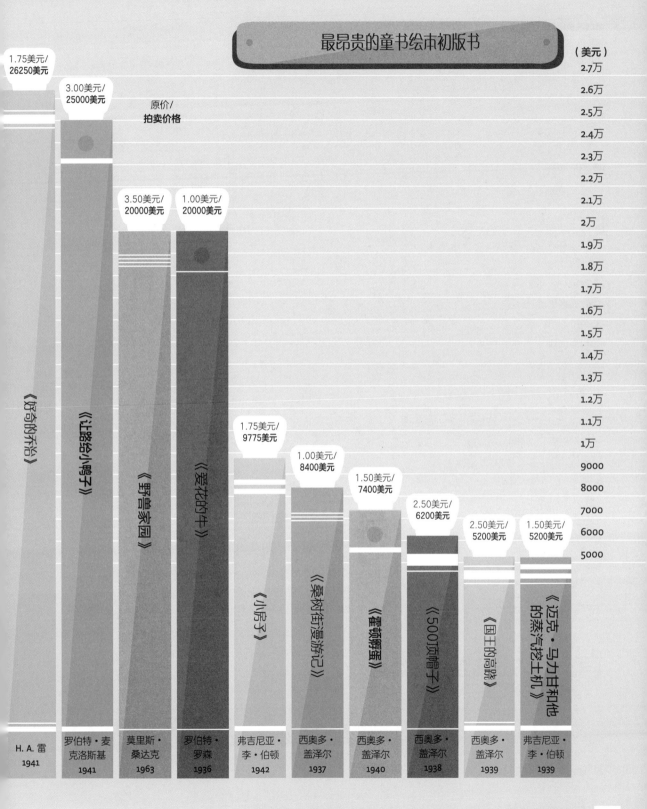

最昂贵的童书绘本初版书

（美元）

原价/
拍卖价格

1.75美元/
26250美元

3.00美元/
25000美元

3.50美元/
20000美元

1.00美元/
20000美元

1.75美元/
9775美元

1.00美元/
8400美元

1.50美元/
7400美元

2.50美元/
6200美元

2.50美元/
5200美元

1.50美元/
5200美元

2.7万
2.6万
2.5万
2.4万
2.3万
2.2万
2.1万
2万
1.9万
1.8万
1.7万
1.6万
1.5万
1.4万
1.3万
1.2万
1.1万
1万
9000
8000
7000
6000
5000

《好奇的乔治》
H. A. 雷
1941

《让路给小鸭子》
罗伯特·麦克洛斯基
1941

《野兽家园》
莫里斯·桑达克
1963

《爱花的牛》
罗伯特·罗森
1936

《小房子》
弗吉尼亚·李·伯顿
1942

《桑树街漫游记》
西奥多·盖泽尔
1937

《霍顿孵蛋》
西奥多·盖泽尔
1940

《500顶帽子》
西奥多·盖泽尔
1938

《国王的高跷》
西奥多·盖泽尔
1939

《迈克·马力甘和他的蒸汽挖土机》
弗吉尼亚·李·伯顿
1939

资料来源：wikicollecting网站，1stedition网站，abebooks网站，维基百科

137

亨利·詹姆斯

1843 美国
1916 英国
英国 1876/个人
18*
Ⓐ
《一位贵妇人的画像》（1880）

托马斯·曼

1875 德国
1955 瑞士
瑞士 1933/政治
美国 1939/政治
瑞士 1952/个人
5
Ⓒ
《绿蒂在魏玛》（1939）

詹姆斯·乔伊斯

1882 爱尔兰
1941 瑞士
奥匈帝国 1904/职业
瑞士 1915/职业
法国 1920/个人
瑞士 1940/政治
5
Ⓝ
《尤利西斯》（1922）

弗拉基米尔·纳博科夫

1899 俄罗斯
1977 瑞士
乌克兰 1917/政治
英国 1919/政治
德国 1922/职业
法国 1937/政治
美国 1940/政治
瑞士 1961/个人
18*
Ⓝ
《阿达》（1969）

V. S. 奈保尔

1932 特立尼达
—
英国 1950/教育
14
Ⓝ
《河湾》（1979）

萨尔曼·鲁西迪

1947 印度
—
英国 1958/教育
美国 2000/商业
14*
Ⓒ
《撒旦诗篇》（1988）

背井离乡者的王国

在文学的世界中，许多作者对自己被迫远离的故国的描写获得了读者的追捧。这里列举了也许是12位远赴他国的著名作家，以及他们去往的国家和最著名的小说。

莫欣·哈米德

1971 巴基斯坦

–

美国 1974—1980/个人
美国 1989—2001/教育
英国 2001—2009/职业
3
Ⓐ

《拉合尔茶馆的陌生人》（2007）

奇玛曼达·恩戈齐·阿迪奇埃

1977 尼日利亚

–

美国 1996/教育
3*
Ⓐ

《半轮黄日》（2006）

玛嘉·莎塔碧

1969 伊朗

–

奥地利 1983—1988/政治、教育
法国 1994/政治
11
Ⓒ

《我在伊朗长大》（2000）

罗辛顿·米斯垂

1952 印度

–

加拿大 1975/教育
6
Ⓒ

《长路漫漫》（1991）

基兰·德赛

1972 印度

–

英国 1985/个人
美国 1986/教育
2
Ⓝ

《失去之遗传》（2006）

朱诺·迪亚斯

1968 多米尼加共和国

–

美国 1974/个人
2*
Ⓝ

《奥斯卡·瓦奥短暂而奇妙的一生》（2007）

作家
出生的年份和国家
去世的年份和国家
去往的国家、远走他国的年份/原因
远离故土期间发表的作品数量
Ⓒ 批评故国的作品　Ⓝ 表达乡愁的作品
Ⓐ 对故土情绪非常复杂的重要作品（出版年份）

（*仅限小说）

"失去了行动的意义"

　　莎士比亚的《哈姆雷特》成为无数后世作家的灵感来源，在这部不朽名作的启发下，人们创作了无数诗歌、戏剧、电影、歌曲、小说乃至文学批评文章（见图中的作品年份、作者及作品名），也许可以将它称为文学史上最具启发意义的作品。我们发现这部戏剧的第三幕——特别是"生存还是毁灭"这段独白——是目前被引用次数最多的篇章（图中表示了作品引用了《哈姆雷特》的哪一幕）。

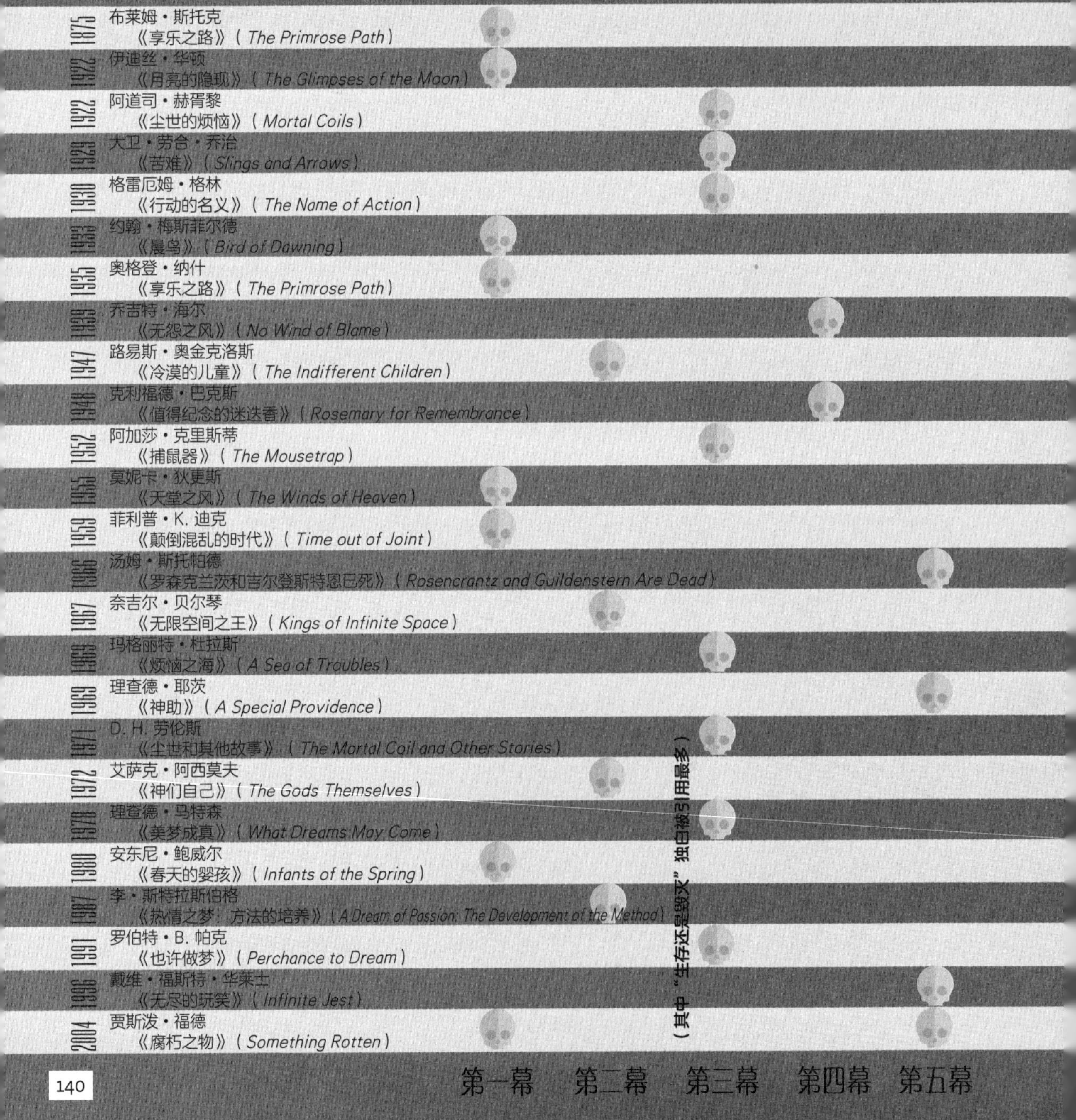

年份	作者/作品
1875	布莱姆·斯托克《享乐之路》（ The Primrose Path ）
1922	伊迪丝·华顿《月亮的隐现》（ The Glimpses of the Moon ）
1922	阿道司·赫胥黎《尘世的烦恼》（ Mortal Coils ）
1929	大卫·劳合·乔治《苦难》（ Slings and Arrows ）
1930	格雷厄姆·格林《行动的名义》（ The Name of Action ）
1933	约翰·梅斯菲尔德《晨鸟》（ Bird of Dawning ）
1935	奥格登·纳什《享乐之路》（ The Primrose Path ）
1939	乔吉特·海尔《无怨之风》（ No Wind of Blame ）
1947	路易斯·奥金克洛斯《冷漠的儿童》（ The Indifferent Children ）
1948	克利福德·巴克斯《值得纪念的迷迭香》（ Rosemary for Remembrance ）
1952	阿加莎·克里斯蒂《捕鼠器》（ The Mousetrap ）
1955	莫妮卡·狄更斯《天堂之风》（ The Winds of Heaven ）
1959	菲利普·K. 迪克《颠倒混乱的时代》（ Time out of Joint ）
1966	汤姆·斯托帕德《罗森克兰茨和吉尔登斯特恩已死》（ Rosencrantz and Guildenstern Are Dead ）
1967	奈吉尔·贝尔琴《无限空间之王》（ Kings of Infinite Space ）
1969	玛格丽特·杜拉斯《烦恼之海》（ A Sea of Troubles ）
1969	理查德·耶茨《神助》（ A Special Providence ）
1971	D. H. 劳伦斯《尘世和其他故事》（ The Mortal Coil and Other Stories ）
1972	艾萨克·阿西莫夫《神们自己》（ The Gods Themselves ）
1978	理查德·马特森《美梦成真》（ What Dreams May Come ）
1980	安东尼·鲍威尔《春天的婴孩》（ Infants of the Spring ）
1987	李·斯特拉斯伯格《热情之梦：方法的培养》（ A Dream of Passion: The Development of the Method ）
1991	罗伯特·B. 帕克《也许做梦》（ Perchance to Dream ）
1996	戴维·福斯特·华莱士《无尽的玩笑》（ Infinite Jest ）
2004	贾斯泼·福德《腐朽之物》（ Something Rotten ）

（其中"生存还是毁灭"独白被引用最多）

第一幕　　第二幕　　第三幕　　第四幕　　第五幕

英年早逝的诗人

　　1821年，诗人济慈因结核病去世，享年25岁；1822年，29岁的雪莱不幸溺亡。他们的不幸遭遇似乎开启了一个可怕的传统：热情似火的年轻诗人因为过于热爱生活，往往会在40岁前就英年早逝。这里我们列举了一些早早就离开人世的诗人*。

死亡原因

- 肺结核
- 溺水
- 自杀
- 其他

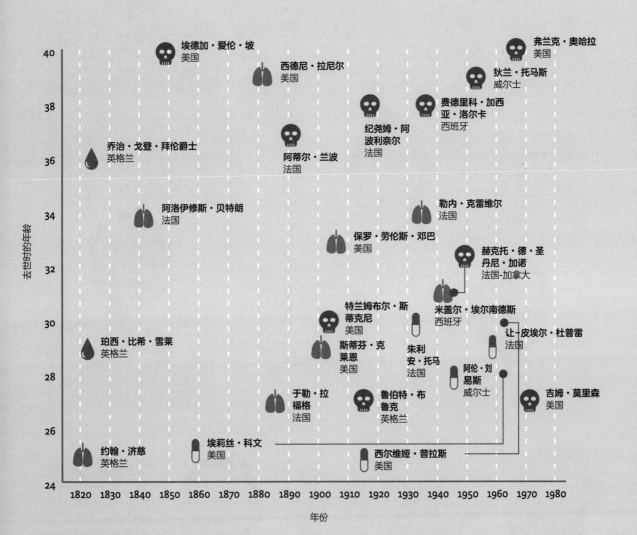

* 不包含在战场上牺牲的诗人。

亲爱的读者

亲爱的读者，其实你们与这一页中的人物有着千丝万缕的联系，也许更加密切的是你们与本书作者之间的关系。正如下图所示，亲爱的读者与这些伟大作家之间的人际关系绝不会超过6层。

托马斯·伊格顿
分别在1811年和1813年为奥斯汀出版了两部小说，小说的读者包括乔治四世

简·奥斯汀 她的前两部小说《理智与情感》和《曼斯菲尔德庄园》均由伊格顿出版

乔治四世
在担任摄政王期间非常喜爱奥斯汀，1815年两人见面，同年奥斯汀将出版商更换为穆雷

约翰·穆雷
出版了《艾玛》（1815）和《劝导》（1816），并在奥斯汀去世后在1817年出版了《诺桑觉寺》，但在1820年停止出版所有奥斯汀的小说，直到本特利接手了这项工作

理查德·本特利
在1832年重新出版了简·奥斯汀的所有小说，此后再未出现过绝版的情况，使得读者始终能够欣赏奥斯汀的杰作

路易十八
为雨果提供了一份王室奖金，使他能够以写作为生，后者也一直靠这笔奖金生活，直到1851年拿破仑三世登基

拿破仑三世
在成为法国国王后流放了雨果，雨果在流放期间写出了不朽名作《悲惨世界》，并在1862年由威尔伯翻译成英文

维克多·雨果
最初是一位诗人，并在1822年由于出色的作品得到了路易十八的嘉奖

查尔斯·埃德温·威尔伯
美国人，将《悲惨世界》翻译成英文之后在美国获得巨大成功，小说在1935年第一次被改编成电影，由马奇领衔主演

弗雷德里克·马奇
饰演了冉·阿让，再次引起人们对原著小说的追捧，直到今天，读者依然可以阅读这部优秀的小说

3

萨尔曼·鲁西迪
最早在广告行业尝试写作，并通过为美国运通公司创作的一条广告语取得成功

美国运通公司
在认可了鲁西迪的才华之后，鲁西迪于1981年创作了《午夜之子》，引起了布拉德伯里的注意

伊斯兰教大阿亚图拉霍梅尼
对《撒旦诗歌》的作者发出了追杀令，使他被迫过上深居简出的生活，但仍然为了与博诺见面出现在公众场合

马尔科姆·布拉德伯里
与其他评委将《午夜之子》评为当年布克文学奖得主，使鲁西迪能够创作《撒旦诗歌》（1988），但这部作品惹恼了霍梅尼

博诺
1993年邀请鲁西迪与U2乐队联袂登台，并鼓励鲁西迪继续为读者写作

安妮·马西特
一位时代出版社的编辑，在她的支持下，出版了数百万册《五十度灰》，读者也得以轻而易举地读到这部作品

瓦雷莉·霍斯金斯
一位居住在伦敦的文学经纪人，与纽约的兰登书屋进行了一系列洽谈，并通过马西特达成协议

雷蒙德·卡佛
村上春树将散文集命名为《当我谈跑步时我谈些什么》，向卡佛的《当我们谈论爱情时我们在谈论什么》致敬，前者成为有关跑步的畅销书，被上百万读者阅读过

阿曼达·海伍德
通过自己澳大利亚的电子书出版公司写作者咖啡店出版了《五十度灰》的第一版，销售量极其出色，于是聘请了霍斯金斯对图书进行进一步推广

弗兰兹·卡夫卡
村上春树将这部2002年问世的小说的名字定为《海边的卡夫卡》，并在后来为散文集命名时选择向卡佛致敬

**亲爱的
读者**

披头士乐队
他们的作品《挪威的森林》被村上春树作自己一部畅销小说的名字，而他的下一部作品的灵感则来自卡夫卡

斯蒂芬妮·梅尔
其作品深得另一位同人小说作家海伍德的喜爱

4

村上春树
出生在日本，阅读了大量西方文学作品，热爱凯鲁亚克的作品

杰克·凯鲁亚克
喜爱披头士乐队的作品

5

E. L. 詹姆斯
是《五十度灰》作者的笔名，这部作品中借用了梅尔《暮光之城》系列中的人物

天气怎么样？

　　不管是荷马还是詹姆斯·赫伯特，是莎士比亚还是维克多·雨果，文学作品中的天气总是扮演着极其重要的角色，天气可以渲染情绪，指明动机，还可以作为隐喻揭示作者想要表达的意思。这里列举了40部经典文学作品（含作品名、作者、出版年份）及其中的天气代表着什么。

风暴

《李尔王》威廉·莎士比亚（1603—1607）**疯狂** 《呼啸山庄》艾米莉·勃朗特（1845—1846）**情感的混乱** 《蝇王》威廉·戈尔丁（1954）**暴力** 《奥德赛》荷马（公元前8世纪）**混乱** 《无名的裘德》托马斯·哈代（1895）**死亡** 《远大前程》查尔斯·狄更斯（1861）**恶毒的世界** 《海鸥》安东·契诃夫（1895）**变化** 《悲惨世界》维克多·雨果（1862）**失败** 《伊凡·杰尼索维奇的一天》亚历山大·索尔仁尼琴（1962）**恶毒的世界** 《吉姆爷》约瑟夫·康拉德（1900）**无序** 《埃涅阿斯纪》维吉尔（公元前29—前19）**愤怒**

雪

《永别了，武器》欧内斯特·海明威（1929）**希望** 《狮子、女巫与魔衣柜》C. S. 路易斯（1950）**失去希望** 《伊坦·弗洛美》伊迪丝·华顿（1911）**孤独** 《死者》詹姆斯·乔伊斯（1914）**凄凉** 《威尔士男孩的圣诞节》狄兰·托马斯（1955）**乡愁** 《安多拉》马克斯·弗里施（1961）**隐藏的犯罪**

太阳

《瓦尔登湖》亨利·戴维·梭罗（1854）重生《金银岛》罗伯特·路易斯·史蒂文森（1883）不满《死于威尼斯》托马斯·曼（1912）疾病《印度之行》E. M. 福斯特（1924）动荡《美丽新世界》阿道司·赫胥黎（1932）控制《心是孤独的猎手》卡森·麦卡勒斯（1940）悲剧《局外人》阿尔贝·加缪（1943）压迫《鼠疫》阿尔贝·加缪（1947）死亡

雨

《理智与情感》简·奥斯汀（1811）危险《忧郁颂》约翰·济慈（1819）忧郁《华氏451度》雷·布莱伯利（1953）情绪的宣泄《愤怒的葡萄》约翰·斯坦贝克（1939）希望《毒木圣经》芭芭拉·金索尔弗（1998）洗礼《长眠不醒》雷蒙·钱德勒（1939）预感

雾

《化身博士》罗伯特·路易斯·史蒂文森（1886）预感《蝴蝶梦》达夫妮·杜穆里埃（1938）困惑《荒凉山庄》查尔斯·狄更斯（1853）压迫《黑衣女人》苏珊·希尔（1983）预感《哈姆雷特》威廉·莎士比亚（1603—1607）静止《雾》詹姆斯·赫伯特（1975）抑郁《厄舍府的倒塌》埃德加·爱伦·坡（1839）预感《赴宴》亨利·格林（1939）静止

犯罪的世界

　　从伦敦到洛杉矶，从于斯塔德到博茨瓦纳，文学作品中最著名的侦探（图中列出了他们的名字、生卒年份及他们的创作者、常驻城市等），不管是货真价实的警察，还是私家侦探乃至探案爱好者，他们的故事都与所在的城市紧紧联系在一起。尽管也有像马普尔小姐、赫尔克里·波洛、彼得·温西勋爵和杰克·雷彻这样在世界各地破案的名侦探，但大部分主人公会常驻一个城市。

英格兰

夏洛克·福尔摩斯 1891—1927
亚瑟·柯南·道尔，伦敦　　4　27

亚当·达格利什 1962—2008
P. D. 詹姆斯，伦敦　　14

雷格·威克斯福德警司 1964—2013
露丝·兰德尔，苏塞克斯　　24

查尔斯·威克里夫警长 1968—2000
W. J. 伯利，德文郡和康沃尔郡　　22

摩斯警长 1975—1999
科林·德克斯特，牛津　　13　10

警察🔍　私家侦探🔍　探案爱好者🔍

系列小说数量⚪　系列短篇小说数量⚫

美国

菲洛·凡斯 1926—1939
S. S. 范·戴恩，纽约　　12

山姆·斯佩德 1930—1932
达希尔·哈默特，旧金山　　1　3

菲利普·马洛 1939—1958
雷蒙德·钱德勒，洛杉矶　　8　5

麦克·哈默 1947—1997
米奇·斯皮尔兰，纽约　　13

马修·史卡德 1976—2011
劳伦斯·布洛克，纽约　　17　12

V. I. 沃莎斯基 1982—2013
莎拉·派瑞斯基，芝加哥　　16　2

哈利·博斯 1992—2012
迈克尔·康奈利，洛杉矶　　17

亚历克斯·克洛斯 1993—2013
詹姆斯·帕特森，华盛顿特区　　21

欧洲

其他

狄更斯笔下的伦敦

相比其他作家，狄更斯更喜欢把自己作品的背景设定在英国的首都，伦敦的很多地区曾经多次出现在他的小说中，而在《雾都孤儿》《大卫·科波菲尔》《远大前程》中特别提到了其中的一些。

左页展示了在某个邮编所辖地区发生事件的地点和次数，右页展示了每部作品（年份）中在哪些地区发生了多少次事件。

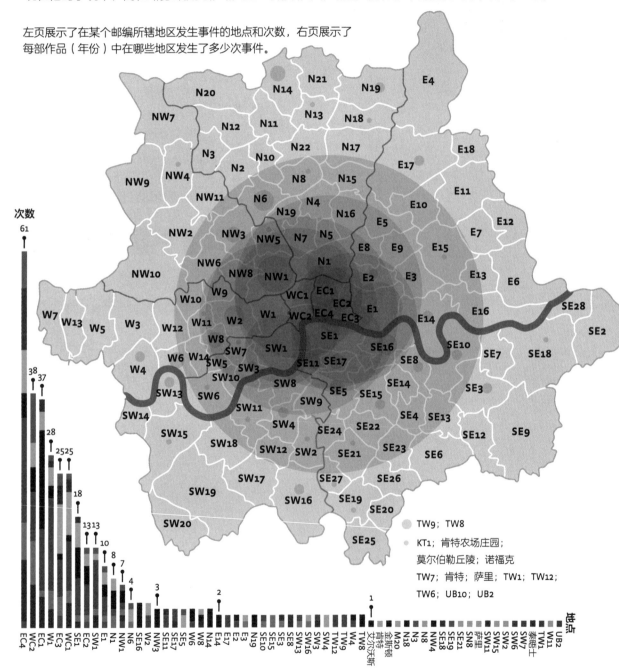

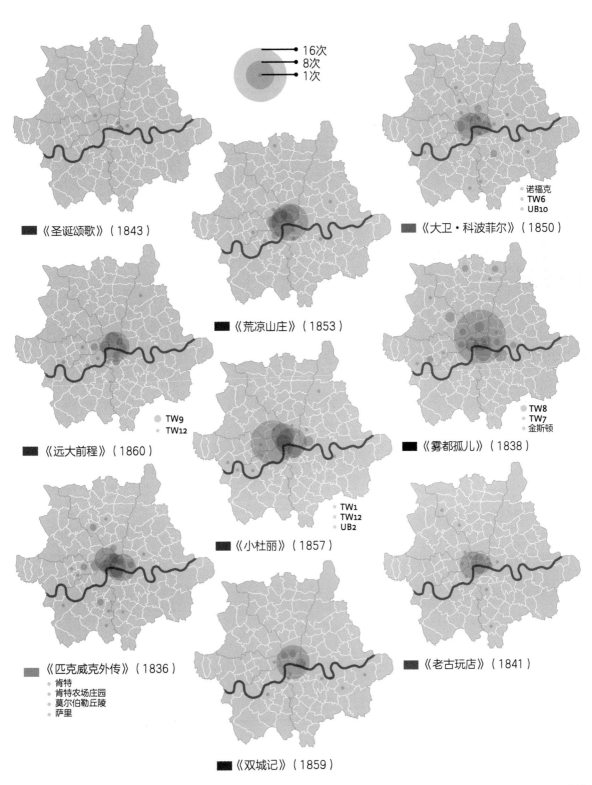

16次
8次
1次

■ 《圣诞颂歌》（1843）

诺福克
TW6
UB10

■ 《大卫·科波菲尔》（1850）

■ 《荒凉山庄》（1853）

TW9
TW12

■ 《远大前程》（1860）

TW8
TW7
金斯顿

■ 《雾都孤儿》（1838）

TW1
TW12
UB2

■ 《小杜丽》（1857）

■ 《匹克威克外传》（1836）
肯特
肯特农场庄园
莫尔伯勒丘陵
萨里

■ 《老古玩店》（1841）

■ 《双城记》（1859）

149

用文字解说鸡尾酒

薄荷茱莉普
2½盎司*波本威士忌
冰块
2块方糖
4～5片薄荷叶

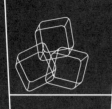

F. 斯科特·菲茨杰拉德
《了不起的盖茨比》
1925

苹果杰克马提尼
少量石榴汁
1盎司柠檬或青柠汁
2盎司苹果泥
白兰地

欧内斯特·海明威
《太阳照常升起》
1926

新加坡司令
4盎司菠萝汁
少量安高天娜苦精酒
1/3盎司石榴汁
1/2盎司青柠汁
1/4盎司法国廊酒
1/4盎司君度橙酒
1/2盎司樱桃糖浆
11½盎司琴酒

亨特·S. 汤普森
《赌城憎恨》
1971

自由古巴
2盎司白朗姆酒
4盎司可乐
碎冰
青柠角

欧内斯特·海明威
《有钱人与没钱人》
1937

苏格兰雾
2～3盎司苏格兰威士忌或波本威士忌
1/2杯
碎冰

雷蒙德·钱德勒
《长眠不醒》
1939

吉姆雷特
1/2杯琴酒
1/2杯玫瑰青柠汁

雷蒙德·钱德勒
《漫长的告别》
1953

我的徽章
1/2杯菠萝汁
1/2杯琴酒

弗拉基米尔·纳博科夫
《洛丽塔》
1955

得其利
1/4盎司糖浆
1/4盎司青柠汁
1½盎司淡朗姆酒

格雷厄姆·格林
《我们在哈瓦那的人》
1958

尚贝里黑加仑酒
3盎司干苦艾酒
1/2盎司黑加仑酒
苏打水
碎冰

欧内斯特·海明威
《流动的盛宴》
1964

绿色艾萨克特制鸡尾酒
1盎司琴酒
2盎司椰子水
青柠汁
少量苦精酒

欧内斯特·海明威
《岛在湾流中》
1970

＊1盎司约为30毫升。

蒙哥马利马提尼

2盎司琴酒
1茶匙诺瓦丽普
拉苦艾酒
橄榄

欧内斯特·海明威
《过河入林》
1950

金汤力

4枚冰块
3小杯琴酒
柠檬片
10盎司汤力水

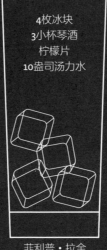

菲利普·拉金
《对无上美德的敬仰》
1974

干马提尼

3份琴酒　1份伏特加
1/2份半分半干开胃酒
1片薄柠檬片

伊恩·弗莱明
《皇家赌场》
1953

许多作家在长时间伏案工作之后都喜欢喝一杯,有许多人甚至把自己最喜欢的饮品写进作品中。这里列举了文学作品(作者、作品名、出版年份)中最著名的几种鸡尾酒的配方。

葡萄酒斯博迪奥迪

2/3杯波特酒
1/3杯威士忌

杰克·凯鲁亚克
《在路上》
1957

金利奇

2½盎司波本威士忌
1/2小杯新鲜青柠汁
1小杯琴酒

干马提尼

1/2小咖啡匙安高天娜苦精酒
几滴诺瓦丽
普拉苦艾酒
1/2杯琴酒

路易斯·布努埃尔
《我的最后一口气》
1983

汤姆科林斯

2盎司干琴酒
2盎司青柠汁
1茶匙糖浆
少量苏打水
水柠檬片

J. D. 塞林格
《麦田里的守望者》
1951

F. 斯科特·菲茨杰拉德
《了不起的盖茨比》
1925

边车

1⅕盎司克洛维希白兰地
1盎司橙味利口酒
1盎司柠檬汁　砂糖

汤姆·沃尔夫
《虚荣的篝火》
1987

放飞你的头脑

　　从上古时期开始，就有作者、诗人和剧作家因其宣扬的内容为当局不喜而被投入监狱。当然，将一位作家关进牢房往往也意味着他除了构思写作之外心无旁骛，因此也产生了一大批伟大的作品。在这里我们列举了历史上有过这样经历的伟大作家（生卒年份）及其作品（出版年份）和入狱的原因。

/ 1天　　/ 1个月　　/ 1年

性

托马斯·怀特（1503—1542）

《渴望狩猎的人》（1557）

通奸

奥斯卡·王尔德（1854—1900）

《自深深处》（1897）

有伤风化

埃尔德里奇·克里弗（1935—1990）

《冰上的灵魂》（1968）

强奸、故意伤人

托马斯·马洛礼（1415—1471）

《亚瑟王之死》（1451—1461）

抢劫、强奸、叛国

萨德侯爵（1740—1814）

《索多玛120天》（1785）

亵渎上帝、鸡奸、强奸

金钱

约翰·克里兰德（1709—1789）

《妓女回忆录》（1748）

欠债

亨利·戴维·梭罗（1817—1862）

《论公民的不服从义务》（1849）

拒不交税

欧·亨利（1862—1910）

《短篇小说集》（1897—1901）

挪用公款

谋杀

杰克·阿伯特（1944—2002）

《在野兽腹中》（1981）

伪造、谋杀

战争

亚瑟·库斯勒（1905—1983）

《人类的渣滓》（1941）

战俘

普里莫·莱维（1919—1987）

《如果这是一个人》（1947）

战俘

米盖尔·德·塞万提斯（1547—1616）

《堂·吉诃德》第一卷（1605）

战俘

宗教

约翰·班扬（1628—1688）

《天路历程》（1675）

违反1592年宗教法案

政治

亚历山大·索尔仁尼琴（1918—2008）
《伊凡·杰尼索维奇的一天》（1962）
反苏宣传

费奥多尔·陀思妥耶夫斯基
（1821—1881）
《死屋手记》（1861）
传播宣扬革命的文学作品

纳瓦尔·艾尔-沙达维（1931—）
《女子监狱的回忆》（1983）
政治颠覆

马哈茂德·多拉塔巴迪（1940—）
《失踪的索鲁奇》（1979）
政治颠覆

刘晓波（1955—）
《世界末日幸存者的独白》（1993）
政治颠覆

理查德·勒夫莱斯（1618—1657）
《狱中致爱尔西娅》（1642）
煽动民众

丹尼尔·笛福（1659—1731）
《枷锁颂》（1703）
煽动性诽谤

瓦茨拉夫·哈维尔（1936—2011）
《给奥尔嘉的信》（1979—1982）
持不同政见

波爱修（公元480—525）
《哲学的慰藉》（公元524）
叛国

埃兹拉·庞德（1885—1972）
《监狱诗章》（1948）
叛国

布雷滕·布雷滕巴赫（1939—）
《一个白化病恐怖分子的
真实自白》（1983）
叛国

伏尔泰（1694—1778）
《俄狄浦斯王》（1717）
冒犯王室

尼可罗·马基亚维利（1469—1527）
《君主论》（1513）
阴谋叛乱

安东尼奥·葛兰西（1891—1937）
《狱中札记》（1928—1934）
阴谋叛乱

盗窃和抢劫

马尔科姆·布莱里（1925—1980）
《在庭院中》（1967）
盗窃、入室抢劫、抢劫

让·日奈（1910—1986）
《繁花圣母》（1943）
盗窃

切斯特·海姆斯（1909—1980）
《去什么红色地狱》（1931）
持枪抢劫

弗朗索瓦·维庸（约1431—约1463）
《大遗言集》（1461）
入室抢劫

其他

杰克·伦敦（1876—1916）
《铁道生涯》（1907）
居无定所

153

答案

第88～89页的答案

作者	创作关键作品的年代	国籍
米歇尔·德·蒙田	1580—1590	法国
司汤达	1830—1840	法国
埃德加·爱伦·坡	1840—1850	美国
居斯塔夫·福楼拜	1850—1860	法国
列夫·托尔斯泰	1865—1875	俄罗斯
马克·吐温	1870—1880	美国
奥古斯特·斯特林堡	1880—1890	瑞典
亨利克·易卜生	1880—1890	挪威
拉迪亚德·吉卜林	1894—1904	英国
马塞尔·普鲁斯特	1910—1920	法国
欧内斯特·海明威	1925—1935	美国
君特·格拉斯	1955—1965	德国
V. S. 奈保尔	1960—1970	特立尼达
罗伯逊·戴维斯	1970—1980	加拿大
卡尔·奥韦·克瑙斯高	2000—2010	挪威

第104～105页的答案

作者	创作的巅峰时期	国籍
简·奥斯汀	1800—1815	英国
玛丽·雪莱	1818—1830	英国
伊丽莎白·芭蕾特·布朗宁	1840—1850	英国
乔治·桑德	1830—1860	法国
柯莱特	1900—1945	法国
弗吉尼亚·伍尔芙	1915—1940	英国
凯伦·布里克森	1926—1956	丹麦
西蒙娜·德·波伏娃	1940—1970	法国
多丽丝·莱辛	1950—1990	英国
玛雅·安吉罗	1970—1980	美国
托妮·莫里森	1980—2000	美国
赫塔·米勒	1980—2000	德国-罗马尼亚
唐娜·塔特	1992—2013	美国
J. K. 罗琳	1997—2007	英国
E. L. 詹姆斯	2011—2013	英国